U0274250

佛冈县政区图

佛冈县政区图
FO GANG XIAN ZHENG QU TU

1

领导关怀

Fogang

2003 年 3 月，广东省气象局副局长林献民（左二）在清远市气象局局长刘日光（左一）陪同下到佛冈县气象局调研

2005 年 1 月，佛冈县副县长廖振灵（左二）到佛冈县气象局调研

2006 年 10 月，广东省气象局局长余勇（右一）到佛冈县气象局检查指导工作

2007 年 1 月，佛冈县县长严小康（右二）到佛冈县气象局调研

2007 年 10 月，中国气象局计财司司长于新文（右二）在清远市气象局局长刘日光（右三）陪同下到佛冈县气象局检查工作

2008 年 11 月，中国气象局监测网络司司长周恒（左三）、广东省气象局副局长许永锞（左四）到佛冈县气象局检查气象工作

2009年6月，清远市副市长曾贤林（左二）在清远市气象局局长刘日光（右一）陪同下到佛冈县气象局检查气象工作

2011年9月，广东省气象局副局长刘作挺（右四）在清远市气象局副局长李国毅（右三）陪同下到佛冈县气象局检查指导工作

2013 年 6 月，清远市气象局副局长戴润（右三）到佛冈县气象局检查气象业务工作

2014 年 4 月 27 日，佛冈县委书记华旭初（左四）、副县长范辉煌（右四）到佛冈县气象局调研

建于1956年位于石角镇环城东路292号的佛冈县气象观测站（1965年摄）

台站史迹与新貌
Fogang

佛冈县气象观测站（1978年摄）

佛冈县地面气象观测站
（1983年12月摄）

佛冈县地面气象观测站
（1997 年摄）

佛冈县地面气象观测站
（1999 年 9 月摄）

建于 2008 年位于石角镇北园路
7 号（县政府西侧）的佛冈县地面气
象观测站（2008 年 12 月摄）

佛冈县地面气象观测站（2005 年 1 月摄）

1993 年建成的佛冈县气
象局办公楼（1999 年 9 月摄）

2007 年建成的佛冈县气
象局办公楼（2007 年 7 月摄）

建于 2007 年位于高岗镇
的区域自动气象站（2007 年
12 月摄）

预报业务人员
在分析天气变化

气象业务
Fogang

预报业务人员参加省–市–县视频天气会商

地面气象观测人员在进行地面气象要素观测

防雷检测人员对工地
防雷装置进行检测

在佛冈县农村基层干部培训班上进行气象防灾减灾知识讲座

气象服务
Fogang

2012年9月21日，在高岗镇举办佛冈县气象信息员培训

开展沙糖桔
农情调查

开展水稻农情调查

农业气象试验田

建成覆盖全县
各行政村的气象预
警大喇叭系统

EN 型风向风速自记仪

气压自记仪

温度自记仪

EL 型电接风风向风速自记仪

风向风速传感器

干湿球温度表

湿度传感器

水银气压表

地表温度表

日照计

闪电定位仪

能见度传感器

深层地温传感器

GPS/MET 水汽观测站　　　　　　雨量筒

大气电场仪

大型蒸发器　　　　　　草温传感器

预报业务人员向来访群众介绍如何制作天气预报

气象科普
Fogang

地面气象观测人员向参观气象观测站的学生介绍气象知识

向群众派发气象科普宣传资料

2013 年 6 月，开展
送科技文化卫生"三下
乡"活动

精神文明建设
Fogang

2008 年 3 月，佛冈县气象局干部职工开展植树活动

2014 年 6 月，参加佛冈县机关单位篮球赛

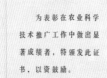

为表彰在农业科学技术推广工作中做出显著成绩者，特颁发此证书，以资鼓励。

为表彰在农业科学技术推广工作中做出显著成绩者，特颁发此证书，以资鼓励。

佛冈县气象局地面测报组被评为一九九九年广东省先进测报组。

荣　誉

青年文明号

共青团广东省委员会
二〇〇五年八月

省级先进
科技事业单位档案管理

荣誉证书

授予　佛冈县气象局　为"清远市五十佳文明示范窗口"，特发此证。

2012 年 10 月，佛冈县气象局罗桂森（前排左三）在第二届广东省气象系统公共气象服务知识竞赛中荣获个人全能第一名，被广东省总工会授予"广东省职工经济技术创新能手"称号

气象灾情
Fogang

2004 年 10 月，水头镇因
持续高温少雨导致旱情严重

2005 年 6 月，迳头镇龙岗村因强降雨引
发山体滑坡造成 3 人死亡

2005 年 6 月，强降雨造成龙山镇良塘村受浸严重

2005 年 6 月,龙山镇民安因持续性强降雨导致山体滑坡1 人被埋

2006 年 7 月 15 — 17 日,龙山镇受第 4 号强热带风暴"碧利斯"影响,受浸严重

2007 年 4 月 27 日,迳头镇因雷雨大风造成加油站受损

2008年1月，石角镇龙南因持续低温阴雨天气导致沙糖桔无法采收

2008年6月，高岗镇因持续性强降雨导致山体滑坡严重

佛冈县气象志

《佛冈县气象志》编纂委员会　编

气象出版社
China Meteorological Press

内容简介

本书是一部佛冈气象专业志,记载佛冈县气象事业发展历程、气候资源、气象灾害情况的综合性志书。全书从佛冈县气象事业的总体出发,记事下限断至 2008 年 12 月,本着详今略古的原则,综合记述了佛冈的气候资源、主要气候特征和灾害,概述了佛冈气象事业发展的沿革,力求较好地反映佛冈气象事业的情况,为佛冈县国民经济建设以及和谐社会的构建和发展服务。本书可供党政部门领导及气象、水利、农业等部门科技工作者阅读参考,也可供史志研究人员参考。

图书在版编目(CIP)数据

佛冈县气象志/《佛冈县气象志》编纂委员会编. —北京:气象出版社,2014.10

ISBN 978-7-5029-6021-6

Ⅰ.①佛… Ⅱ.①佛… Ⅲ.①气象-工作概况-佛冈县

Ⅳ.①P468.265.4

中国版本图书馆 CIP 数据核字(2014)第 231310 号

出版发行:气象出版社			
地　　址:北京市海淀区中关村南大街 46 号		邮政编码:100081	
总 编 室:010-68407112		发 行 部:010-68409198	
网　　址:http://www.cmp.cma.gov.cn		E-mail:qxcbs@cma.gov.cn	
责任编辑:吴晓鹏　颜娇珑		终　　审:赵同进	
封面设计:燕形		责任技编:吴庭芳	
印　　刷:北京中新伟业印刷有限公司			
开　　本:787 mm×1092 mm　1/16		印　　张:7.75	
字　　数:214 千字		彩　　插:12	
版　　次:2014 年 10 月第 1 版		印　　次:2014 年 10 月第 1 次印刷	
定　　价:45.00 元			

《佛冈县气象志》编纂委员会

主　　任：莫汉锋
副　主　任：许沛林
委　　员：谭光洪　罗桂森　周国明　王建庄

《佛冈县气象志》编纂小组

主　　编：许沛林
编写人员：罗桂森　周国明　招柳媚　余秀娟
顾　　问：杨衍杜

《佛冈县气象志》审核小组

校　　审：清远市气象局　姚科勇　何镜林　罗　律
　　　　　英德市气象局　张润仙
审　　核：佛冈县史志办　谢国球　谢春江　李阳光
　　　　　刘瑞生

序

　　人类生活在地球大气层中,其生命、生活及政治、军事、文化、宗教等一切活动无不受气象条件的制约,故自人类有文字记载历史事件以来,气象灾害便成为常见的内容之一。但系统地编纂一部专业的气象志书,于佛冈尚属首次。

　　佛冈位于广东珠三角到粤北山区的过渡带,特殊的自然地理和气候环境为佛冈带来丰沛的雨水,为农业生产提供有利的条件,也使得暴雨、洪涝、干旱、雷电、雷雨大风、低温霜冻等气象灾害时常发生,给经济带来损失,给生命带来威胁。编纂《佛冈县气象志》,主要目的之一就是让大家从中科学认识佛冈的气候特征,趋利以避害。

　　佛冈的气象事业在新中国成立后才起步,因行政区域归属的问题而经历多次调整,气象体制也曾经历多次变革,发展历程是曲折的。但伴随着改革开放和科技进步,佛冈气象人在传承中开创事业发展的新局面。从1956年建站初期简陋的观测设施到如今由区域自动气象站、遥测气象站、GPS/MET水汽探测站等多种类、立体化、全天候的观测系统组成的颇具时代特色的现代化新型气象台站;从传统、落后的以手工绘制天气图为主要手段的预报模式到以高性能计算机为基础的现代化的数值预报模式;从发报机到光纤,从话筒广播模式到广播、电视、电话、手机、网络、报纸、微博、微信、客户端、大喇叭、电子显示屏等全方位、多层次、多渠道的信息传播模式;从一个单一从事基本气象要素观测的单位,到现在社会管理职能和气象服务功能得到充分发挥的科技型、基础性社会公益事业单位等等,无不体现佛冈气象事业的巨大进步。

　　气象工作没有淡季,气象事业也是永恒的。编纂《佛冈县气象志》,是佛冈县气象事业发展的需要,是惠及后人的好事,也是我们这一代气象人的心愿和责任。本志记载佛冈县有气象记录以来县境内的气象要素、气候特征、主要灾害性天气和气象事业发展进程,客观、翔实、全面、系统,凝结着佛冈半个多世纪来气象工作者的心血和智慧,必将有助于我们认识和利用佛冈的气候资源,总结历史的经验教训,科学应对气候变化,服务于"四个文明"建设,滋益于长久的将来。

　　是为序。

清远市气象局局长　刘日光

2014年4月25日

凡　例

一、《佛冈县气象志》坚持以马克思列宁主义、毛泽东思想、邓小平理论和"三个代表"重要思想为指导,按照科学发展观的要求,客观地反映佛冈县气象事业发展的历史与现状,揭示佛冈地区天气、气候的基本特征及其对经济和社会活动的影响。

二、《佛冈县气象志》是佛冈县气象事业管理的专业志,主要记述本县天气气候特点、气象灾害、气象业务、气象服务、气象管理等方面的资料。

三、本志不设上限,下限为2008年。某些重大事件和极值以及相关法律法规、标准,适当后延。

四、本志采用现代规范汉语记述,以记事为主,横排纵述,以时为序,详今略古,立足当代,重点记述自1956年佛冈县有气象资料记载以来的情况。

五、本志分记、述、志体例,以志为主,图表穿插各类目之中。纲目按篇、章、节、目编排,设6篇20章62节。

六、本志气象计量单位,按国家标准记述,气压单位为气象上通常使用的百帕(hPa)。四季划分按气象上通常做法,3—5月为春季,6—8月为夏季,9—11月为秋季,12月至次年2月为冬季。

七、本志以佛冈县现有气象资料、档案、文件以及上级气象系统的档案资料为主要依据,因篇幅所限,一般不注明出处。如无注明,佛冈县气象统计相关资料均由佛冈国家基本气象观测站所测得。

八、荣誉录收录范围为获县处级以上单位授予的荣誉,人物录收录范围为佛冈县气象局正科级以上干部和劳动模范。

目　录

第一篇　地理

第二篇　气候

第五篇　人才队伍与科研

第六篇　组织机构

概　述

一

佛冈县位于广东省中部,珠江三角洲北缘,处于北纬 23°39′57″至 24°07′15″,东经 113°17′28″至 113°47′42″之间,东邻新丰,南接从化,西连清城,北靠英德。全县面积 1292.92 平方千米,2008 年人口 31.9 万。全县划分 6 个镇(高岗、迳头、水头、石角、汤塘、龙山)、78 个行政村、12 个社区居委。境内还有国营羊角山林场和观音山省级自然保护区。

佛冈属丘陵山区。北部的观音山是全县的主要山脉,其最高峰亚婆髻,海拔 1218.8 米,周围海拔 900 米以上的高山有 10 多座。观音山的东面有独王山(海拔 828.1 米)、通天蜡烛(海拔 1047 米)、黄金脑(海拔 988 米)、苦茶山(海拔 736 米),形成一道屏障,向西南倾斜,构成东北高、西南低的地形。东北部属高丘陵区,中部属中丘陵区,南部为低丘陵区。北部烟岭河下游、南部潖江中下游为河谷平原。龙山镇良塘村一带是全县最低处,海拔仅 13.5 米。

县内河流水系有潖江和烟岭河。潖江属北江水系一级支流,发源于水头镇通天蜡烛南侧,流经水头镇、石角镇(县城)、汤塘镇、龙山镇,于清城区汇入北江。其在佛冈县内集雨面积 903.5 平方千米,长 69.3 千米,河段平均坡降 1.98‰。烟岭河是佛冈第二大河,发源于高岗镇礼溪村的羊子栋山,向北注入潖江。其在佛冈境内集雨面积 361 平方千米,长 32 千米。

佛冈县的地质与中生代白垩纪燕山期运动及第三纪喜马拉雅山运动有密切关系。岩层由火成岩、沉积岩和变质岩组成,其中火成岩分布最广。土壤以赤红壤为主,有水稻土、黄壤、红壤、赤红壤、菜园土和潮泥沙土 6 个土类。县内植被状况良好,种类繁多。

佛冈县地处南亚热带和中亚热带过渡区,气候湿润。海洋性气候特征显著,具有温暖多雨、光热充足、温差较小、夏季长、霜期短等气候特征。由于雨热同期,有利作物生长,但自然灾害威胁也较大,给工农业生产带来不利影响。佛冈光热资源充足,年平均日照时数为 1710.9 小时,年平均气温为 20.9℃,日平均气温都在 0℃以上。极端最高气温 39.8℃,极端最低气温－4.2℃。无霜期 343 天。佛冈背山,面朝珠江口,因受地形影响,佛冈降雨多,是广东三个暴雨中心之一,年平均降水量 2172.4 毫米。降水分布不均,雨季(4—9 月)降水量占全年的 79%。雷暴活动频繁,年均雷暴日 85.3 天。冬夏季风的交替是佛冈季风气候的突出特征。冬季偏北风因极地大陆气团向南伸展而形成,天气寒冷干燥。夏季偏南风因热带海洋气团向北扩张所形成,天气温暖潮湿。夏季风转换为冬季风一般在 10 月份,而冬季风转换为夏季风在 4 月份。

二

佛冈县气象站前身是中南区源潭气象哨,地址在清远源潭,1954 年开始从事气象观测发报工作。1956 年 9 月设立广东省佛冈县气象站,站址设在佛冈县城东郊(北纬 23°52′,东经 113°32′),自此佛冈县才有完整规范的气象记录,1956 年 9 月 11 日正式开展气象业务工作。此后管理体制多次变动,1981 年广东省佛冈县气象站升格为佛冈县气象局(站),为正科级单位,局、站合一。2002 年 3 月 15 日,改称广东省佛冈县气象局(台),机构规格仍为正科级,局、台合一。

佛冈气象站建站初期,每天进行 02 时、08 时、14 时、20 时(北京时,下同)4 次定时观测和 05 时、11 时、17 时、23 时 4 次补充观测,24 小时守班。1960 年 4 月 15 日起增加航危报任务,先后为 AV 广州、AV 惠阳、PK 北京、MH 广州、ZC 北京发送过航危报。

2008 年底,气象观测项目有:气温、气压、降雨、云量云状、能见度、天气现象、蒸发、湿度、地表温度、浅层地温、深层地温、草温、日照、风向风速等。2008 年建成 GPS/MET 基准站,用于观测大气水汽含量,而国土部门则用于测量定位。2008 年 12 月 31 日 20 时后,气象观测站搬迁至县政府西侧(北纬 23°53′,东经 113°31′),与原址对比观测 1 年后,用于城市小气候观测。

三

随着改革开放,国民经济快速发展,佛冈气象现代化建设也得以加速发展。1998 年 4 月,建立佛冈县防灾减灾分系统,由 3 台电脑 1 台服务器组成,气象信息化迈出第一步。1999 年"121"天气预报自动答询系统建成,卫星单向接收站投入使用,气象信息收集和发布渠道得到拓展。2002 年 1 月 16 日佛冈县第一个自动气象站和一个中心采集站建成投入使用,主要观测风向、风速、降水、气温、湿度、气压。为探测中尺度天气系统,在各乡镇布设区域自动气象站,2008 年底,建成高岗、烟岭、迳头、水头、石角龙塘、四九、龙山、民安 8 个区域自动站和两个遥测站。2005 年,建成 2M 速率市—县数字电路,能快速接收广东省、清远市文件和卫星云图、雷达回波和其他气象信息。2007 年建成省—市—县视频会商系统,每天接收国家和广东省的天气会商情况,并参与清远市气象台天气会商。

20 世纪 90 年代以来,随着计算机技术的发展,佛冈县气象信息化也快速发展。除气象探测手段有明显改进外,天气预报服务能力和服务领域也得以拓展。建成的北江流域气象监测报警系统,能够每小时监测中小尺度天气。森林热点监测报警系统能够及时发现县内的森林热点,以便通知森林防火部门。天气预报发布手段,逐步从广播、电话,拓展到电视、传真、网络、报纸、短信等。建立决策服务系统,重要气象信息及时通过短信发送到各级政府、防汛责任人和中小学校长手中,提高决策服务效率。

在防雷减灾管理方面,依法开展防雷施工图纸设计审核、防雷设施检测、雷击风险评估、防雷设施竣工验收等业务。同时,加大防雷科学知识的宣传和教育,促进防雷减灾事业发展。

四

气象是公益性科技事业。气候变化、气象灾害频发是当今社会经济发展的一大危害。

佛冈县面临的气候与环境问题逐渐增多,以气象灾害为主体的自然灾害呈明显上升趋势,对经济社会发展的影响日益加大。随着小康社会建设的深入推进,气象工作受到的关注、重视和支持程度越来越大。

加强防灾减灾,迫切需要提高气象预报准确率,提高对强天气过程的监测和预警能力,提高气象服务的水平,提高对气象灾害的管理能力和水平。要进一步加强气象和农业、水利、国土资源、环境、卫生等有关部门的合作,努力减少气象灾害给国民经济所带来的损失。要加强气象防灾减灾科普宣传教育,提高全社会应对灾害的能力,促进和谐社会发展和国民经济的可持续发展,为佛冈县的经济社会发展做出更大的贡献。

大 事 记

1956 年

9 月,建立佛冈县气象站,地址在佛冈县石角镇东郊(即今环城东路 292 号),行政业务由广东省气象局领导,为正股级事业单位,是国家基本站,内设预报组和测报组。建站时有吴金根、林章昭、吴鉴清、冯奕林、叶泽府等 5 人,吴金根任站长。

9 月 11 日,从 02 时起正式开展气象观测工作,实行 4 次定时观测和 4 次补充观测,拍发预约航空报,24 小时值班,中南区源潭气象哨(位于清远源潭)同时停止观测。

11 月 15 日,广东省气象局副局长刘旭和检查员韩森到佛冈县气象站检查工作。

1957 年

2 月 15 日,用经纬仪测得东面山平均仰角为 12.2°,西面山平均仰角为 8.1°。

3 月 1 日,从 02 时开始用国际电码发报(即执行 GD—01;GD—21;GD—22)。

7 月 17 日,广州中心站副站长蔡周锋和检查员刑佩华到佛冈县气象站检查工作。

9 月 20 日,广州中心站副站长蔡周锋到佛冈县气象站指导整顿业务工作。

1958 年

7 月 18 日,广东省气象局业务科科长刘克林到佛冈县气象站检查工作。

10 月,因佛冈县与从化县合并,佛冈县气象站改名为从化县佛冈气象站。业务归佛山专区水利水文气象科管理,行政归从化县人民委员会领导。

1959 年

2 月 1 日,佛冈县气象站正式更名为从化县佛冈气象站。

1960 年

3 月 1 日,从化县佛冈气象站更名为从化县佛冈气象服务站。

4 月 7 日,按照广东省气象局要求,从化县佛冈气象服务站拍发广州民航航空报、危险报,时间从 4 月 15 日 04 时开始,每天拍发时间为 04—16 时。除闪电和云蔽山外,其余危险报标准一经达到都要发报。

5 月 28 日,广州市水利局气象站冯奕林到从化县佛冈气象服务站了解气象服务情况。

6 月,从化县佛冈气象服务站业务改由广州市农林水利局气象科管理,行政仍由从化县人民委员会领导。

8 月 5 日,广东省气象局科学研究所高淑芳到从化县佛冈气象服务站了解单站补充天气预报情况。

9 月 15 日,00 时起开始执行航线雷雨天气单站补充预报新规定,同时以前航线规定有关文件作废。

10 月 17 日,开展气象科普活动,佛冈公社官山小学 90 多位学生来从化县佛冈气象服务站参观。

1961 年

5 月 4 日,因佛冈与从化分县,气象服务站业务仍由广东省气象局管理,行政由佛冈县人民委员会领导。

6 月 1 日,从化县佛冈气象服务站改称佛冈县气象服务站。

1962 年

1 月 1 日,执行新的地面气象观测规范。

2 月 19 日,广东省气象局检查组主任周少夫等到佛冈县气象服务站检查工作。

5 月 25 日,佛冈因暴雨出现洪灾,受北江洪水顶托倒灌 10 天,水位 0.5 米,超过二十年一遇的水位,凤州堤崩堤一处。

8 月 1 日,佛冈县气象服务站行政和业务均改由广东省气象局领导。

9 月 7 日,广东省气象局局长刘铁平到佛冈县气象服务站检查工作。

10 月 1 日,佛冈县气象服务站改称广东省佛冈县气象站。

10 月 16 日,开始使用"广东省佛冈县气象站"公章,旧公章同时作废。

1963 年

1 月 14—17 日,广州地区各气象站代表到佛冈县气象站开现场评比会议。

6 月 16 日,佛冈县气象站业务改由韶关地区气象局管理,行政仍由广东省气象局领导。

7 月 12 日,韶关地区气象局检查员钟自良、陈景昌到佛冈县气象站检查验收第二季度工作。

10 月 14 日,广东省气象局业务处台站科科长谢华生到佛冈县气象站指导和检查预报、测报工作。

12 月 3—7 日,广东省气象局台站科领导到佛冈县气象站进行试点评比工作。

1964 年

4 月 22—24 日,中央气象局和广东省气象局派员到佛冈县气象站调研气象工作。

1965 年

1 月 4—18 日,广东省气象局局长刘铁平和业务处杨士德到佛冈县气象站检查、清查测报质量情况。

4 月 11 日,开始执行广东省气象台下发的气候旬报电码修改补充规定。

7 月 1 日,广东省佛冈县气象站改称广东省佛冈县气象服务站。

7 月 17 日,广东省气象局派检查员杨士德到佛冈县气象服务站工作。

10 月 26 日,广东省气象局调香谭有到佛冈县气象服务站工作,任站长。

1966 年

6 月,佛冈县气象服务站的行政管理权下放给县政府,业务仍由韶关市气象局管理。

1967 年

5 月 24 日,龙山出现冰雹灾害。

6 月 8 日—12 日,韶关地区气象局张广冲、丘永良到佛冈县气象服务站检查备战工作。

1968 年

5 月 25 日 00 时—7 月 27 日 10 时,因邮电局报房到佛冈县气象服务站专线电话中断而停止航危报的观测。

6 月 14—22 日,因持续性暴雨导致洪涝灾害,全县死亡 5 人,伤 12 人。

1969 年

1 月 1 日,佛冈县气象服务站由佛冈县革命委员会统一领导。

10 月 24 日,广东省气象局刘铁平局长、业务处杨士德、韶关地区气象局张利到佛冈县气象服务站检查备战工作。

1970 年

2 月 14 日,佛冈县政工组调易昌启到县气象服务站工作,任站长。

12 月,佛冈县气象服务站受佛冈县革命委员会和县人民武装部双重领导(以县人民武装部为主)。

1971 年

10 月,林炳瑶任县气象服务站军代表。

1972 年

4 月 16 日,龙南出现冰雹,未造成大的灾害。

11 月 1 日,广东省佛冈县气象服务站改称广东省佛冈县气象站。

11 月,佛冈县气象站建成 1 幢 3 层的业务办公楼。

是年,发生春旱。

是年,朱泽湘任佛冈县气象服务站军代表。

1973 年

9 月 1 日,佛冈县气象站体制移交广东省气象局管理。

1974 年

12 月 25 日,佛冈县气象站女气象员徐石莲失踪。

是年,低温阴雨造成烂秧,洪灾使水稻减产。

1975 年

5 月 18 日,特大暴雨造成严重灾害,全县有 5 人死亡,其中因山体滑坡死亡 3 人。

是年,低温阴雨造成烂秧,早稻减产。

1976 年

10 月 26 日,广东省气象局局长刘铁平、服务科科长杨士德、韶关地区气象局局长赵功才等到佛冈县气象站检查工作。

是年,佛冈出现低温阴雨,造成烂秧,早稻减产。

1977 年

5 月 16 日,因前期降雨偏少,全县出现旱情,受旱水稻有 37700 亩[①],另有 5140 亩水田无法插秧。为缓解旱情,17 时 30 分佛冈县气象站在该站及龙山镇等地进行人工增雨作业,共发射催雨弹 20 发。16 日 20 时县观测站录得 12 小时降水量为 31.5 毫米,17 日 8 时

---

①　1 亩≈666.67 平方米,下同

录得 12 小时降水量为 190.5 毫米,旱情解除。

6 月 21 日,大暴雨造成洪涝灾害。

10 月 11 日,气象观测场往南迁移 30 米,海拔高度不变。

是年,发生春旱,全县 4 成早稻受旱。

1978 年

1 月 1 日,佛冈县气象站开始执行新的航危报发报规定。

5 月 11 日,佛冈县气象站开始进行释放气象小气球工作。

9 月,易昌啟代表佛冈县气象站出席在北京召开的全国气象系统"双学"先进单位和先进个人代表大会,受到国家领导人华国锋、邓小平等的接见。

是月,冯天成从部队转业到佛冈县气象站任副站长。

1979 年

2 月 18 日,佛冈县气象观测场西迁 20 米,北迁 2 米,海拔高度不变。

10 月,佛冈县气象站工会成立。

12 月,在佛冈县气象站内挖食用水井 1 口,解决人员饮水问题。

是年,佛冈出现低温阴雨造成烂秧,早稻减产。

1980 年

1 月 1 日,佛冈县气象站开始执行新的地面气象观测规范。

3 月 5 日,雷雨大风、冰雹造成 1 人死亡,3 人受伤。

4 月 22—24 日,连续暴雨导致洪涝灾害。

是年,秋旱,晚稻减产。

1981 年

1 月 1 日,广东省佛冈县气象站升格为广东省佛冈县气象局,为正科级事业单位。实行行政归广东省气象局领导,业务由韶关市气象局管理,政治学习、党团活动和家属子女就业由地方政府负责的双重领导体制。易昌啟任局长。

3 月 18 日,高岗、烟岭、龙南镇出现冰雹伴雷雨大风,造成 1 人死亡,2 人受伤。

4 月 28 日—5 月 5 日,韶关地区气象局张广冲、田应时来佛冈县气象局检查工作。

11 月 10 日,广东省气象局副局长许文明、韶关地区气象局局长赵功才等到佛冈县气象局检查工作。

1982 年

1 月,佛冈县气象局行政和业务划归广州市气象管理处领导。

5 月 12—20 日,龙山、民安因受北江洪水顶托倒灌,造成严重洪涝灾害。

是年,预报组和测报组改称为预报服务股和测报股。

是年,佛冈出现低温阴雨造成烂秧,早稻减产。

是年,钱桂华被评为广东省气象局先进工作者。

1983 年

5 月 14 日,县城石角出现冰雹,造成较大灾害。

6 月上旬和中旬,分别出现大暴雨,其中 3 日雨量 118.9 毫米,15 日雨量 60.9 毫米,16 日雨量 155.3 毫米,造成洪涝灾害。

是年,佛冈出现低温阴雨造成烂秧,早稻减产。

1984 年

4 月 1 日,民安、高岗、烟岭、迳头等出现冰雹,造成民房损坏。

5 月 13 日,龙山出现冰雹和雷雨大风造成 2 人死亡,3 人重伤,51 人轻伤。

10 月,组织完成佛冈第一次农业气候资源调查,并完成《佛冈县农业气象资源调查和区划报告》编制工作。该报告包括佛冈的地理概况与气候、农业气候资源、农业气象灾害、利用农业气候资源、农业气候分区等内容。

是年,发生秋旱,晚稻减产。

1985 年

是年,发生秋旱,晚稻减产。

1986 年

1 月 1 日,佛冈县气象局开始使用 PC-1500 袖珍计算机,用来查算、发报和做报表。

6 月 26 日,大暴雨造成佛冈出现洪涝灾害。

是年,佛冈县气象局在大院内建成宿舍楼 1 栋,楼高 3 层。

1987 年

1 月 26 日,钱桂华被国家气象局授予"质量优秀测报员"称号。

8 月,郑从校任佛冈县气象局副局(站)长。

1988 年

5 月,钱桂华被评为广州市劳动模范。

5 月 25 日,佛冈出现特大暴雨天气,共造成 5 人死亡,3 人失踪,370 人受伤。

7 月 20 日,受第 5 号台风影响,佛冈县出现 259.7 毫米的特大暴雨,造成 1 人死亡,26 人受伤。

1989 年

4 月,钱桂华被评为全国气象部门"双文明"先进个人。

5 月,佛冈县气象局行政业务隶属清远市气象局,仍实行上级业务部门和县政府的双重领导管理体制不变。

6 月 19 日,佛冈出现大暴雨、局部特大暴雨,造成洪涝灾害。

11 月,经佛冈县编委批准,成立佛冈县防雷设施安装检测所(佛编〔1989〕41 号),股级单位,隶属于佛冈县气象局。

1990 年

6 月,杨衍杜从连南气象局调入,任佛冈县气象局局(站)长。

11 月,钱桂华、林清莲被国家气象局授予"质量优秀测报员"称号。

12 月 12 日,国家气象局气候司司长陈德鉴及广东省气象局局长谢国涛一行 4 人到佛冈县气象局视察,并会见佛冈县委书记李蔚效、副县长郑训中。

1991 年

3 月,钱桂华被评为广东省气象部门先进工作者。

7 月,杨衍杜出席在阳山召开的全国农业气候资源开发利用与保护学术交流会。

1992 年

2 月,成立佛冈县气象学会,杨衍杜任理事长,郑从校任副理事长兼秘书长。

是年,佛冈县气象局科研项目《热量资源的人工补偿在提高水稻甘蔗产量上的应用推广》获"广东省农业科学技术推广二等奖"。

1993 年

4 月,佛冈县气象局新办公楼(2 层)和宿舍楼(3 层共 3 套)竣工。是月,佛冈县气象局的科研项目《农业气候区划成果在发展山区蚕桑水果上的应用推广》获"广东省农业科学技术推广二等奖"。

5 月 2 日,佛冈出现大暴雨,造成洪涝灾害。

6 月 9 日,佛冈出现大暴雨,造成洪涝灾害。

12 月 2 日,钱桂华被中国气象局授予"质量优秀测报员"称号。

1994 年

5 月,佛冈县气象局气象科技综合服务楼首期工程(1 层)竣工。

6 月 10—17 日,受暴雨以及北江洪水顶托倒灌的影响,出现洪涝灾害,造成 2 人死亡,10 人受伤。

6 月 27 日,广东省气象局副局长肖凯书在业务处、办公室有关领导和清远市气象局局长梁华兴陪同下,到佛冈县气象局检查工作。

1995 年

3 月 9 日,广东省气象局副局长胡光骏、业务处处长杨亚正、海南省气象局局长邓昌松、清远市气象局局长梁华兴到佛冈县气象局检查工作。

4 月 7 日,清远市气象局发出《关于成立"佛冈县气象局山区气候研究所"的批复》(清气人字〔1995〕06 号),以配合地方政府搞好"三高"农业。该所隶属县气象局领导,编制和人员经费自行调剂解决。

4 月 16 日,佛冈县政府发文《关于颁布〈防雷设施安装和检测的若干规定〉的通知》(佛府〔1995〕36 号)

6 月底,杨衍杜主编的《佛冈县气象志》初稿完成,并呈报佛冈县地方志办公室、广东省气象局业务处处长杨亚正、清远市气象局副局长吴武威。

9 月 28 日,经清远市气象局任命,佛冈县气象局领导班子由杨衍杜、郑从校、廖华枢 3 人组成。

1996 年

2 月 20 日,佛冈县气象局地面测报观测组被广东省气象局评为先进测报组。

10 月 1 日起,正式开展 E—601B 蒸发器的蒸发观测、记录和抄录报表工作。

是年,完成《佛冈县气象志》(1956—1994 年)编撰任务,获"清远市优秀科技著作奖"。

1997 年

3 月 19 日,清远市气象局审核批准《佛冈县气象局机构编制方案》,佛冈县机构编制委员会于 4 月 8 日转发该方案。

5 月 21 日,根据清远市气象文件,杨衍杜任佛冈县气象局局长兼站长,郑从校任佛冈县气象局副局长兼副站长,领导班子由杨衍杜、郑从校、廖华枢 3 人组成。

5月22日,根据清远市气象文件,廖华枢任佛冈县气象局办公室主任,欧阳洛任预报服务股股长,招锡尧任测报股股长,谭光洪任测报股副股长,朱伟宜任防雷设施安装检测所所长兼防雷中心主任。

7月,根据广东省气象局通知,地面测报工作正式推广《微机地面气象测报业务系统2.0版》,地面测报资料处理工作全部使用微机,重要天气报、危险报、解除报、航空报等都使用微机编发,并通过微机完成报表的审核、修改工作。

10月14日,佛冈县政府在气象局会议室召开贯彻气象法规座谈会,县人大常委会副主任李玉方、副县长徐积琴及县府办、财政局等10多个单位的领导出席会议。

10月17日,清远市人大领导钟理荣、清远市气象局副局长刘日光等一行3人到佛冈检查气象法规贯彻落实情况,佛冈县人大常委会副主任李玉方、朱玉斌,副县长徐积琴,财政局副局长黎远游等陪同检查。

10月22日,中国气象局气候司副司长周曙光、科技处处长张长森、档案处科长刘代清、广东省气象局气候所所长高权恩、档案科科长叶琪嘉等,在清远市气象局副局长姚科勇的陪同下,检查佛冈县气象局的文书、科技档案工作情况。

1998年

1月22日,广东省气象局副局长肖凯书、人事处处长刘光彬、计划财务处处长黄传舜、产业处副处长陈建军一行5人,在清远市气象局副局长刘日光和佛冈县人大常委会副主任黄文奇的陪同下,到佛冈县气象局慰问干部职工,佛冈县委书记刘林松会见慰问组成员。

3月23日,佛冈县人民政府召开纪念世界气象日暨贯彻气象法规座谈会,副县长徐积琴、县人大常委会副主任李玉方、县政协副主席林绍辉、清远市气象局副局长许永锞以及有关部门的领导参加会议。

4月,建立县防灾减灾气象服务系统,该系统能与广东省、清远市气象局联通网络,获取卫星云图、降水预报图等气象资料,用于日常天气预报或提供给其他用户。

5月1日—8月31日,参加全省季风和暴雨试验工作,逐日05、11、17、23各时次进行加密观测,并编制报表。

6月1日,清远市人大常委会委员、农村工作委员会主任钟理荣、清远市气象局局长刘日光一行6人,到佛冈县检查气象法规的贯彻情况,县人大常委会主任黄文奇接待检查组。副县长徐积琴、县府办、县人大常委会、县农委、县法制局、建设局、县财政局等有关人员参加会议。

7月15日,杨衍杜出席佛冈县科学技术协会第四届代表大会,并当选为县科协委员。

12月29日,经清远市档案局评定,佛冈县气象局档案综合管理升级通过考评,达到省二级档案管理标准。

1999年

1月8日,广东省气象局发给佛冈县气象局联想586微机1台、得实打印机1台,专门用于地面测报工作。

2月3日,佛冈县气象局档案综合管理省二级评审会在佛冈县气象局会议室召开,佛冈县档案局局长黄榕棠、县农委副主任严钊明等出席会议。黄榕棠局长向县气象局颁发档案综合管理省二级证书。

3月19日,由佛冈县气象局与县电信局联合开通的"121"天气预报自动答询系统建成,24小时为公众提供天气预报服务,主要包括佛冈县天气预报、警报、周边城市天气预报等内容。

4月22日,佛冈县政府发文要求执行《广东省防御雷电灾害管理规定》。

8月,广东省气象局配发传真机1部,用于向清远市电信局中心报房传真报文。同时,停止通过佛冈县报房发送气象电报。

9月31日,气象卫星单向接收站(PC—VSAT小站)建成投入使用。该系统能直接接收中国气象局下发的各类气象资料,包括卫星云图、地面观测资料、高空探测资料、传真图、数值预报产品等多种资料。经处理后通过MICAPS系统显示,作为日常天气预报制作的依据。

12月24—27日,出现持续低温霜冻天气,冻死果树1.4万亩,冻伤1.2万亩,对农业造成严重灾害。

12月,通过租用电信部门线路,建成X.25分组数据交换网,速率为560K,直接连接清远市气象局和广东省气象局。由于气象资料改由网络传输,效率提高,天气实况图、传真图、卫星云图、雷达回波和指导预报产品,以及天气报文,都通过该网传输。电报、传真和电话作为备用传输方式。

2000年

1月1日,根据《广东省台风、暴雨、寒冷预警信号播发规定》,佛冈县气象局制定《佛冈县台风、暴雨、寒冷预警信号播发的实施细则》,规范预警信号的制作、签发、传输、播发等,并正式对外发布天气预警信号。

2月11日,中共佛冈县县委常委黄裕团和农委主任梁伟文到佛冈县气象局慰问。

3月23日,佛冈县人民政府召开纪念世界气象日暨贯彻《中华人民共和国气象法》施行座谈会。参加座谈会的有公安、检察、法院、司法、财政、建设、民政、物价、广播电视及农委系统等20个单位负责人。

4月15日,谭光洪研发的计算机发报系统,把电话口传改为计算机直接发气象传真报文,提高测报工作效率和减少出错机率。主要方法是在原有编报的计算机中加装调制解调器1个,再对有关程序进行适当修改补充,则可实现向电信部门发送航空报文,可大大降低出错概率。该成果在2002年被《广东气象》选登,并向其他台站推广。

6月23日,佛冈县气象局党支部召开党员大会选举产生新的党支部,当选的党支部委员是:杨衍杜、郑从校、廖华枢。在第一次支部委员会上,杨衍杜当选为支部书记,郑从校任组织委员,廖华枢任纪检、宣传委员。

7月3日,许沛林任佛冈县气象局预报服务股副股长。

9月1日,为更好传播天气预报信息,佛冈县气象局与广播电视局协商同意,佛冈电视台每天在新闻节目后,播放县气象局发布的天气预报。

9月15日,按照清远市气象局要求,试行办公自动化网络,所有上报市气象局的材料,都须通过网络传输电子版文件。

12月14日,清远市人大常委会副主任陈偶盛,市人大常委会委员、农村工作委员会主任钟理荣,市气象局局长刘日光,以及市府办、市农委、市财政局等有关领导到佛冈县检查《中华人民共和国气象法》的贯彻落实情况,由副县长徐积琴进行汇报。

2001 年

2 月 28 日,莫汉锋由清远市气象局调到佛冈县气象局,任局(站)长。杨衍杜任正科级调研员,不再担任局长职务。许沛林任局长助理。郑从校不再担任副局长职务。县气象局领导班子由莫汉锋、杨衍杜、许沛林组成。

3 月 23 日,佛冈县气象局在世界气象日期间组织干部上街派发宣传材料,宣传防灾减灾和有关气象法律法规,同时气象台站免费向公众开放,开展群众科普教育。

4 月 23 日,中共佛冈县气象局党支部召开党员大会选举产生新一届党支部委员,莫汉锋、杨衍杜、郑从校当选为支部委员。在第一次支部委员会上选举出莫汉锋为支部书记,杨衍杜为纪检、宣传委员,郑从校为组织委员。

6 月 11 日,佛冈县安全生产管理委员会成员进行调整,佛冈县气象局正式加入安委会,许沛林出任安委会成员。

6 月 30 日,温金泉负责佛冈县防雷所的日常工作。

7 月 6 日,台风"尤特"正面袭击广东省,早上 07 时 50 分在海丰—惠东登陆,佛冈县 6 日和 7 日均出现暴雨,7 日还伴有 8 级大风。佛冈县气象局在 4 日 17 时发布台风白色预警信号,5 日 16 时改发台风绿色预警信号,6 日 10 时又发布暴雨黄色预警信号。这是佛冈县气象局首次发布台风预警信号。

7 月 10 日—8 月 31 日,佛冈县气象局按照县委和清远市气象局的部署,组织全体干部认真学习实践"三个代表"重要思想,增进干群关系、党群关系,改变工作作风,提高办事效率。

7 月 11 日,佛冈县气象局安装卫星单向接收站多媒体卡,可以直接接收北京主站的视频信息,实现远程会商、教育等功能。

9 月 10 日,佛冈县气象局宿舍楼正式开工,该楼设计建设 5 层,约 1000 平方米。

11 月 7 日,佛冈县气象局新装奔腾Ⅲ计算机、EPSON 打印机各 1 台,专用财务。

12 月 4—6 日,佛冈县气象局参加广东省核事故应急演习。演习主要演练发生核事故意外时,气象场外应急紧急启动及运作。佛冈县气象局主要负责应急气象资料的收集工作。

12 月 29 日,经广泛征询意见,佛冈县气象局制定《佛冈县气象局公费医疗管理办法》,从 2002 年 1 月 1 日起试行实施。

2002 年

1 月 16 日,广东省气象局有关技术人员在清远市气象局涂宏兰科长陪同下,为佛冈县气象局安装 1 个自动气象站和 1 个中心采集站。观测项目有风向、风速、降水、气温、湿度、气压。自动站 1 小时调取 1 次资料,特殊情况可随时调取,为实施《广东省台风、暴雨、寒冷预警信号发布规定》提供技术支撑。

3 月 15 日,根据中央机构编制委员会印发的《地方国家气象系统机构改革方案》(中编发〔2001〕1 号)和中国气象局印发的《地方国家气象系统机构改革实施方案》(气发〔2001〕75 号),以及《广东省国家气象系统机构改革方案》(气发〔2001〕154 号)、广东省气象局印发的《广东省国家气象系统机构改革实施方案》(粤气人字〔2001〕51 号)、清远市气象局印发的《清远市国家气象系统机构改革实施方案》,以及清远市气象局和佛冈县机构编制委员会批准印发的《佛冈县国家气象系统机构改革方案》,广东省佛冈县气象局(站)改称为广东省佛冈县气象局(台),机构规格为正科级,实行局台合一,同时加挂佛冈县气象预警信号发布中心牌子。佛冈县气象局内设3个股级职能机构,分别为办公室、预报服务股、测报股;下设1个直属股级事业单位:佛冈县防雷设施检测所(原名佛冈县防雷设施安装检测所)。

3月7日,根据清远市气象局文件(清气党组字〔2002〕2号),莫汉锋任佛冈县气象局(台)局(台)长,许沛林任佛冈县气象局(台)副局(台)长。

3月23日,为纪念世界气象日,佛冈县气象局对外开放。有学生、干部和普通群众等200多人进行参观,县气象局技术人员详细介绍气象观测、天气预报制作、防雷减灾知识。

3月27日,根据清远市气象局文件(清气党组〔2002〕9号和清气人字〔2002〕11号),佛冈县气象局领导班子作出调整,调整后的领导班子由莫汉锋、许沛林、谭光洪三人组成。谭光洪任佛冈县气象局办公室主任(正股级),招锡尧任佛冈县气象局测报股股长,温金泉任佛冈县防雷所所长(正股级)。

3月,谭光洪被中国气象局授予"全国质量优秀测报员"称号。

4月4日,《佛冈县气象局岗位管理细则》通过实施。

5月1日,位于佛冈县气象局大院内的宿舍楼竣工。

7月19—20日,佛冈分别出现86.5毫米和205.4毫米的暴雨、大暴雨,造成洪涝灾害。

10月25日,开始实施台站综合整治工程。工程包括装修办公室、拆除旧平房水塔、改造围墙、建设停车棚等。

11月23日,广东省气象局业务处周小萍在清远市气象局业务科副科长彭惠英陪同下,检查佛冈县气象局测报工作,提出观测场整改和保护要求。

12月26—28日,出现罕见低温天气,对农业造成严重损失。

2003年

3月1日,佛冈县气象局购买广州本田奥德赛商务车1台,用于气象服务和灾情调查。

3月14日,中国气象局计财司于新文副司长等在广东省气象局副局长林献民、计财处处长徐安高和清远市气象局局长刘日光陪同下,到佛冈县气象局调研艰苦气象台站工作。

6月3日,佛冈县气象局台站综合整治完工,办公楼经装修后重新投入使用,办公环境得到改善。

6月17日,民安、四九、烟岭3个自动气象站建成投入使用,这是佛冈县布设在乡镇的第一批自动气象观测站,可以每小时获取1次3地气象资料,实现对乡镇天气变化的监测。

7月1—31日,7月持续高温天气,佛冈县城有20天最高气温高于35℃,极端最高气温达39.8℃(7月23日),创历史新高。月降水量仅34.2毫米。全月降水量比历年同期平均减少85%,平均气温、极端最高气温、高温日数和降水量均创历史记录。高温少雨对农业造成严重灾害。

8月27日,广东省气象局装备中心人员到佛冈县气象局安装DZZ1—2型遥测自动气象站设备,开始试用自动观测。

11月3日,经清远市气象局批准,佛冈县气象局以国有全资形式成立防雷公司:佛冈县防雷工程技术开发中心。

12月20日,佛冈县气象局档案综合管理被评为省级先进,清远市档案局副局长朱军,佛冈县档案局局长黄榕棠会同广东省气象局气象档案馆领导出席评审会。

2004 年

1月1日,佛冈县气象局遥测自动站与人工站进入平行观测第一年,全年以人工站观测发报为主,自动站为辅,进行对比观测。

1月14日,清远市气象局局长刘日光、办公室主任石天辉到佛冈县气象局指导业务办公楼建设和旧宿舍楼拆除工作。

2月18日,经县政府同意,佛冈县气象局在县行政服务中心设立气象窗口,对外行使行政管理职能。

3月17日,清远市气象局副局长姚科勇到佛冈县气象局检查工作,对安全生产、办公楼建设等方面提出意见。

4月26日,广东省气象局副局长林献民、计财处处长徐安高在清远市气象局局长刘日光的陪同下,到佛冈县气象局指导基建工作。并就防灾减灾业务办公楼及拆迁安置楼的设计、建设、筹资等方面提出意见和建议。

7月24日,中国气象局监测与网络司助理巡视员潘正林在广东省气象局副局长林献民、业务处处长肖永彪、清远市气象局局长刘日光的陪同下,到佛冈县气象局调研基层困难气象台站业务建设工作。

10月,佛冈县出现秋旱和寒露风天气,晚稻受到严重影响。

11月,中共佛冈县气象局支部委员任期届满进行改选,莫汉锋任支部书记,许沛林任组织、纪检委员,谭光洪任宣传委员。

11月28日,广东省气象局副局长林献民、计财处处长徐安高和清远市气象局局长刘日光再次就防灾减灾业务楼建设工作到佛冈县气象局调研。

2005 年

1月1日,佛冈县气象局遥测自动站与人工站进入平行观测的第二年,全年以自动站观测发报为主,人工站为辅,继续对比观测。

是日,"121"气象信息自动答询电话升级为"12121"。

1月8日,根据佛冈县委的安排,佛冈县气象局派出周国明驻龙山镇良塘村,参加十百千万干部下基层、驻农村活动,任村主任助理,为期1年。

3月24日,广东省气象局副局长许永锂在清远市气象局局长刘日光和副局长杨宁等陪同下,到佛冈县气象局进行慰问指导工作,要求加快办公楼建设,提高预报服务能力。

6月19—25日,佛冈县出现暴雨,造成山洪地质灾害,山体滑坡造成4人死亡。

7月1日,清远市副市长曾贤林在市气象局局长刘日光和市政府有关人员陪同下,到佛冈县气象局检查防汛工作。副县长刘恩银、县长助理欧阳伟森陪同检查。检查组听取汛期以来的气象服务情况汇报。

7月3日,广东省气象局计财处处长徐安高和清远市气象局局长刘日光到佛冈县气象局检查指导基建工作。

7月13日,清远市气象局副局长姚科勇到佛冈县气象局指导防灾减灾办公楼建设工作。

8月19日,广东省气象局计财处处长徐安高和清远市气象局局长刘日光到佛冈县气象局检查指导基建工作,对旧宿舍拆除和拆迁安置楼建设工作提出要求。

9月2日,为改善办公、生活环境,通过协商,佛冈县气象局与8户拆迁户就拆迁补偿方案达成一致,将拆除原宿舍楼用于建设停车场,在原址北面新建宿舍楼进行安置。

12月5日,清远市气象局局长刘日光、气象台台长蒋国华到佛冈县气象局检查工作,并就办公楼、拆迁安置楼建设工作提出意见和建议。

12月15—16日,广东省计量认证评审组组长贾明武,在清远市气象局副局长李国毅陪同下,到佛冈县进行佛冈县防雷设施检测所计量认证转版评审工作。通过实地查看和考核,防雷所顺利通过认证。

2006年

1月1日,佛冈县气象局遥测自动站进入单轨运行阶段,以自动站观测发报为主,增加23时观测发报,人工站只保留20时观测记录全部人工项目。

1月4日,佛冈县防雷工程技术开发中心原出纳员张廷文元旦休假3天后未正常上班,涉嫌携公款潜逃。广东省、清远市气象局领导接报后,到佛冈县气象局调查情况。

2月8日,佛冈县气象局开通领导决策服务系统,遇有紧急重大天气,可通过企信通向移动用户发布短信,告知各级领导。

3月,经团县委批准,成立佛冈县气象局团支部。

3月3日,清远市气象局副局长李国毅、财务科科长罗雪花等到佛冈县气象局调研防雷工作。

3月30日,清远市气象局纪检组长姚科勇和业务科科长涂宏兰到佛冈县气象局指导办公楼装修工作。

4月26日,广东省气象局副局长林献民、计财处处长徐安高等领导在清远市气象局局长刘日光、纪检组长姚科勇、财务科科长罗雪花的陪同下,到佛冈县气象局检查财务和基建工作。

4月28日,佛冈县气象局完成3个自动站的改造,通过GPRS发送报文,6分钟一次,资料先到广东省气象局,再通过网络下发到佛冈县气象局。

5月26—29日,佛冈持续出现强降雨天气,造成洪涝灾害。副县长刘恩银在水头镇召开抗洪救灾现场会,表扬气象服务工作主动及时,并就如何做好气象服务提出建议。

6月1日,根据佛冈县国土局2002年测量资料,佛冈县气象局对观测场进行重新测量,观测场海拔为69.8米(原记录68.9米)。

是日,《广东省突发气象灾害预警信号发布规定》实施,原《广东省台风、暴雨、寒冷预警信号发布规定》同时废止。为落实新规定,佛冈县气象、广电部门商定,将在广播电台播出预警信号,并在电视上用图标显示预警信号,方便群众获取预警信息。

6月27日,中共佛冈县农业系统党委召开党员大会,表彰先进。佛冈县气象局莫汉锋、许沛林被授予农业系统"优秀共产党员"称号,谭光洪被授予"优秀党务工作者"称号。

6月29日,中共佛冈县委召开表彰大会,佛冈县气象局莫汉锋被授予"优秀共产党员"称号,县气象局被清远市委、市政府授予"清远市五十佳文明示范窗口"称号。

7月17日,受第4号强热带风暴"碧利斯"外围云系影响出现暴雨,造成洪涝灾害。

7月27日,受第5号热带风暴"格美"减弱成的低压槽影响,出现大暴雨,造成洪涝灾害。

9月11日,根据《清远市国家气象系统机构编制调整方案》,实施业务技术体制改革,将佛冈国家气象系统机构进行调整。在佛冈县国家基本气象站的基础上,组建佛冈国家气象观测站一级站,与佛冈县气象局(台)合一。

9月12日,按照清远市气象局的要求,佛冈县气象局开展业务技术体制改革工作。

10月11日,广东省气象局局长余勇在清远市气象局局长刘日光的陪同下,到佛冈县气象局视察指导工作,并就探测环境保护、基建等问题提出意见,要求积极主动向地方政府汇报情况,要求协助解决。一方面做好现址的保护工作,一方面做好迁站的准备。

10月12日,佛冈县防雷工程技术开发中心原出纳员张廷文贪污公款案开庭审理终结,张廷文被县人民法院以贪污罪判处有期徒刑12年,并处没收财产50000元。

12月31日,佛冈县气象局拆迁安置楼建成投入使用,原拆迁户搬进新房居住。

2007年

1月1日,根据中国气象局业务技术体制改革安排,"佛冈国家基本气象站"改称"佛冈国家气象观测站一级站"。

1月25日,佛冈县县长严小康、副县长廖振灵等到县气象局检查气象现代化建设情况,协调解决气象探测环境保护问题。

2月1日,汕尾市气象局局长陈楷荣带领的考察团在清远市气象局局长刘日光陪同下,到佛冈县气象局考察防雷减灾工作。

2月2日,广东省气象局副局长许永锞率机关党委办、业务处、法规处负责人,在清远市气象局局长刘日光、副局长杨宁的陪同下,到佛冈县气象局慰问干部职工。佛冈县县长严小康、副县长廖振灵会见许副局长一行,双方就加快佛冈气象事业发展和保护气象探测环境等交换意见。

4月24日,佛冈出现大范围强降水和雷雨大风天气,造成3人重伤,4人轻伤。

5月1日,佛冈县气象局新建的防灾减灾业务楼投入使用,共730平方米。

5月21日,中共佛冈县农业系统党委召开党员代表大会,佛冈县气象局莫汉锋被选为党委委员,许沛林被选为纪委委员。

5月24日,佛冈县政府正式发文,划拨县政府西侧9.94亩地作为探测基地建设用地。

5月26日,大暴雨造成洪涝灾害。

6月10日,强降雨造成严重洪涝灾害和引发山体滑坡。

8月10日,持续高温少雨造成旱灾。

8月23日,中共佛冈县气象局党支部委员任期届满,举行党员大会进行改选,选举莫汉锋为支部书记,许沛林为组织委员,谭光洪为纪检委员。

9月2日,气象探测基地建设用地交付使用,开始进行基础设施建设。

9月16日,清远市气象局业务科科长涂宏兰到佛冈县气象局安装视频会商系统,实现与清远市气象台的实时会商。

10月31日,中国气象局计财司司长于新文在广东省气象局副局长林献民、计财处处长徐安高以及清远市气象局局长刘日光等人陪同下,到佛冈县气象局进行检查指导工作。佛冈县副县长黄镇生陪同检查工作。

11月1日,佛冈县气象局与县电视台协商,同意由县气象局制作的电视天气预报节目,在县电视台开播,天气预报也由县城延伸到全县各乡镇。

11月12日,清远市气象局副局长杨宁、执法办主任廖初亮和业务科科长涂宏兰,到佛冈县气象局进行气象探测环境保护检查工作。随后清远市气象局领导一行与佛冈县副县长廖振灵会面。

11月15日,因悦生明珠花园建设工程影响气象探测环境,佛冈县气象局向其发出停工通知书。

12月13日,广东省气象局业务处副处长陈礼生到新观测站考察,当场决定在新址安装GPS/MET基准站,用于探测水汽。

12月17—18日,广东省计量认证评审组贾明武、尹辉、杜建德在清远市气象局副局长李国毅陪同下,到佛冈县评审防雷设施检测所计量认证转版工作。经实地查看和考核,防雷设施检测所通过认证。

12月21日,佛冈县关工委到佛冈县气象局召开现场会,授予县气象局"老少同乐文明小区"称号,莫汉锋被评为"重视关工工作领导",郑从校被评为"关工工作先进个人"。

10—12月,佛冈县因秋旱造成晚稻减产,2000多人饮水困难。

2008年

1月3日,根据农业气象服务需要,佛冈县副县长廖振灵要求在沙糖桔上市的2个月间,每天在县电视台发布5天天气趋势预报,服务沙糖桔果农采收销售。

1月4日,广东省气象局计财处副处长易燕明在清远市气象局财务科科长罗雪花的陪同下,到佛冈县气象局调研基建情况。

1月17日,清远市气象局执法办副主任张广存和梁锴到悦生明珠花园项目破坏气象探测环境一案所在地开展执法,发出责令停工通知书。

1月23日,清远市气象局纪检组长姚科勇、财务科科长罗雪花、副科长侯瑛等到佛冈县气象局召开民主生活会,并将防雷工程技术开发中心会计账移交清远市气象局财务核算中心。

1月25日—2月4日,佛冈县出现持续低温阴雨天气,大量经济作物冻伤冻死,应节上市的沙糖桔无法采收、外销,损失严重。县气象局采取各种措施做好保障服务,包括延长预报时效、增加电视发布频次、发布决策短信等手段。

1月26日,广东省气象局纪检组长邹建军在清远市气象局副局长李国毅的陪同下,考察佛冈气象探测基地的建设情况,并提出保护探测环境的意见和建议。

2月14日,广东省气象局局长余勇在清远市气象局局长刘日光等的陪同下,视察佛冈县气象局气象探测环境保护工作。副县长廖振灵接待余局长一行,双方就如何提高气象服务、保障人民生命财产安全和气象探测环境保护等交换意见。余局长要求,加大探测环境保护力度的同时,加快推进探测基地的建设,确保新站4月1日开展对比观测。

2月18日,副县长廖振灵到佛冈县气象局慰问春节期间上班的工作人员。

3月,佛冈县气象局被佛冈县委、县政府评为"文明单位"。

3月4日,清远市气象局副局长杨宁带领导业务科科长涂宏兰、办公室主任石天辉检查汛前准备情况。

3月11日,县长严小康、县府办主任朱伟文到探测基地视察建设情况,协调处理探测环境保护工作。

3月12—13日,佛冈县气象局位于县政府西侧的气象探测基地安装仪器。

4月1日,位于石角镇北园路7号(县人民中心)西侧的气象观测站开展对比观测,以原气象观测站资料为准。

4月7日,清远市气象局执法办廖初亮、张广存到佛冈县,对悦生明珠花园下达处罚通知书。

4月21日,佛冈县气象局气象探测基地土地使用证办理完毕。

5月19日,广东省气象局业务处程元慧等到佛冈县气象探测基地安装GPS/MET基准站,佛冈县气象局是首批五个站点之一。

6月中旬,暴雨造成洪涝灾害。

6月26日,受热带风暴"风神"减弱形成的低压槽影响,佛冈县出现特大暴雨天气,造成洪涝灾害。

6月30日,佛冈县政府发文要求严格依法保护位于县政府西侧的气象探测环境。

7月29日,清远市气象局副局长李国毅带领市府办、安监、旅游等部门领导,到佛冈县督查防雷安全工作。

9月10日,广东省气象局计财处处长徐安高、副处长易燕明,在清远市气象局局长刘日光、纪检组长姚科勇的陪同下,到佛冈县气象局调研指导工作,就如何加快推进探测基地建设提出意见和建议。

11月6日,中国气象局监测网络司司长周恒在广东省气象局副局长许永锞的陪同下,到佛冈县气象局检查探测环境保护情况。周司长一行察看气象观测站和新的探测基地,并对探测环境保护工作提出严格的要求。清远市气象局局长刘日光向周司长汇报探测环境的保护情况和新旧站址对比观测半年多来气象资料的分析使用情况。

11月13日,佛冈县人民政府办公室印发《佛冈县气象灾害应急预案》(佛府办〔2008〕54号),首次将气象灾害防御上升为政府行为,明确气象灾害的等级、监测预警、信息发布、部门联动和灾害评估等方面内容,为气象灾害应急防御提供重要依据。

12月31日,经中国气象局批准,20时后观测站进行切换,位于县政府西侧的新址正式启用,资料开始传送北京。新站位于北纬23°53′,东经113°31′,海拔高度97.2米。观测任务为地面观测项目、GPS/MET水汽。根据中国气象局统一安排,观测站名称由"佛冈国家气象观测站一级站",更改为"佛冈国家基本气象站"。

第一篇 地理

第一章 地理区位

第一节 建置

清雍正九年(1731年)在大埔坪(原属清远县,今石角镇府城附近)设捕盗同知,辖清远、英德、从化、花县(今广州市花都区)、长宁(今新丰县)、广宁6县捕务。

嘉庆十八年(1813)年,划出清远县吉河乡(今水头镇、石角镇)和英德县6个乡,即白石乡、迳头乡(今迳头镇境内)、独石乡、观音乡、高台乡、虎山乡(均在现高岗镇内),建立佛冈直隶军民厅,简称佛冈厅,成为国家行政区划的地方独立建置。

民国3年(1914年)6月3日,撤厅改县,称佛冈县。

1949年10月12日,佛冈县全境解放。

1952年4月13日,佛冈县与从化县合署办公,佛冈只设办事处。同年10月分县办公。

1958年10月23日,佛冈县与从化县合并,称从化县。

1961年5月4日,原佛冈县辖区由从化县分出,恢复佛冈县建制。

第二节 位置

佛冈县位于广东省中部,北回归线北侧,珠江三角洲北部边缘。处于北纬23°39′57″至24°07′15″,东经113°17′28″至113°47′42″。县境东西长50.92千米,南北宽50.35千米。佛冈县东北与新丰县交界,东南与从化市接壤,西南与清城区、清新区毗邻,西北与英德市相连。佛冈县城是石角镇。

第三节 区划及面积

清嘉庆十八年(1813年)建立佛冈厅,辖原属清远县吉河乡的渭江堡、九围堡、田心堡、黄田堡、天降坪堡、黄华堡、小坑堡、龙蟠堡、龙潭堡、龙溪堡、神迳堡、西田堡、观音堡13个堡(即今水头、石角两镇辖区)和原属英德县大陂都六乡,即白石乡、迳头乡(今迳头镇境内)、独石乡、观音乡、高台乡、虎山乡(均在高岗镇境内)。全厅面积902.7平方千米。

1953年2月,清远县第七区(今汤塘镇,面积230.33平方千米)划归佛冈县管辖,全县面积为1133.03平方千米。

1958年7月,清远县龙山乡(今龙山镇,面积159.90平方千米)划归佛冈县管辖。

按1985年县区划办公室土地利用现状调查土地面积量算结果,全县面积为1301.82平方千米。

1990年县国土局土地资源详查测量结果,佛冈县行政区域范围内总面积为1292.92平方千米,此面积比1985年测量的面积少8.9平方千米。出现相差原因,主要是佛冈县高岗镇与英德县的争议地。1990年土地详查时,县间争议地面积按省统一规定,争议地面积单独列表统计,双方均不列入行政区域范围面积中。因此,佛冈县与英德县争议面积未归入佛冈县行政区域范围总面积。若详查量算行政区域范围面积加上争议地面积则与1985年量算面积持平。

2004年,全县12个镇撤并为6个镇:高岗镇、迳头镇、水头镇、石角镇、汤塘镇、龙山镇。

2005年3月,全县115个行政村撤并为78个。全县设12个社区居民委员会,见表1-3-1。

2007年,全县分设行政区划8个,其中建制镇6个,省级国营林场1个,省级自然保护区1个。各行政区划面积见表1-3-2。

表1-3-1　2005年佛冈县镇村设置一览表

镇别	行政村数	行政村名称	居委会数	居委会名称
高岗镇	8	高镇、新联、墩下、高岗、长江、宝山、三江、三联	1	高岗社区居委会
迳头镇	10	大陂、青竹、龙冈、大村、社坪、楼下、迳头、井冈、湖洋、仓前	1	迳头社区居委会
水头镇	10	潭洞、新联、新坐、西田、石潭、桂田、桂元、王田、铜溪、莲瑶	1	水头社区居委会
石角镇	17	凤城、观山、莲溪、小梅、石铺、三莲、黄花、三八、诚迳、二七、科旺、小潭、山湖、龙塘、里水、吉田、冈田	6	附城社区居委会、城南社区居委会、城东社区居委会、振兴社区居委会、沿江社区居委会、站前社区居委会
汤塘镇	19	暖坑、升平、高岭、黎安、洛洞、围镇、脉塘、大埔、新塘、石门、联和、竹山、汤塘、四九、涩江、菱塘、江坳、官山、田心	2	汤塘社区居委会、四九社区居委会
龙山镇	14	关前、黄塱、浮良、车步、门楼富、涩镇、官路唇、鹤田、白沙塘、从化围、上岳、下岳、良塘、清水迳	1	龙山社区居委会
全县合计	78		12	

表 1-3-2 2007 年佛冈县各区划面积表 （单位：平方千米）

区划	面积	区划	面积
石角镇	346.88	迳头镇	178.74
水头镇	152.93	高岗镇	171.71
汤塘镇	230.33	羊角山林场	26.74
龙山镇	159.90	观音山自然保护区	25.69
全县合计		1292.92	

第二章　地形地貌

佛冈县属中低山与丘陵地区,山地广布,山岭绵延,县内山脉以观音山为主体,向东北、东南、西南伸展,全县地势东北高,西南低。既属亚热带湿润气候,又属大陆性季风气候。热量丰富,雨量充足,无霜期长,适合多种亚热带作物生长,一年四季可种作物。山地多,土层深厚,宜林、宜牧、宜果、宜茶、宜药。水资源丰富,可发展小型水电站(简称"小水电")和水产养殖业。

第一节　概况

佛冈县地势为东北高,西南低。西北部的观音山山脉是全县主要山脉,最高峰为亚婆髻(海拔 1218.8 米),900 米以上的山峰还有观音山、大鬟山(海拔 1059 米)、辣篱脑(海拔 1001 米)、铜鼓脑(海拔 907 米)、三角山(海拔 993 米)等 10 多座,构成观音山一带独特的高山地貌:诸峰层迭,群山环抱。海拔 900 米以上的山峰呈喇叭形分布,向西、西北绵延。

观音山与它东面的独凰山形成南面暖湿气流进入佛冈的第二道屏障,屏障以北的迳头、烟岭、高岗的地势向北偏东倾斜,屏障以南的水头、三八、石角、龙南的地势向南偏西倾斜。县境东北面有苦茶山、通天蜡烛、黄金脑,东南面的最高山是羊角山。

在县城之南另有一条东西走向的山脉,东起于青牛塘,西止于七星墩,形成另一道屏障,是南面暖湿气流进入佛冈的第一道屏障。

全县群山耸立,稀疏嵌布着几条东西相间长条状负地形构成的洼地,洼地标高一般在 80～100 米,洼地两侧及四周的低矮丘陵向外过渡为中低山地形。南部为谷地平原区,海拔一般在 100 米以下,县内最低处为龙山镇良塘村的田面,高程为 13.5 米。全县山地、丘陵、谷地平原之比为 7:2:1。

第二节　地貌类型

佛冈县的观音山、独凰山、通天蜡烛以及羊子栋、苦茶山、羊角山、棋盘山、麒麟山、七星墩等山系的分布,使全县形成山地、丘陵、谷地、平原相互交错的地形特点。

全县以低山丘陵为主,约占县境总面积的 62%。大体是东北面为高丘陵区。北部耕地一般为海拔 80～150 米,中部 50～100 米,南部 20～50 米。东南和北部山地较多,呈东北—西南走向,约占总面积的 13.5%。南北两河(潖江、烟岭河)中下游沿岸冲积平原,约占总面积的 24.5%。

县内由山脉形成的两道屏障,把全县分成北、中、南 3 个自然区。北部为高丘陵区,包括高岗、迳头 2 个镇,约占全县总面积的 28.8%。中部为中丘陵区,包括水头、石角 2 个镇,约占全县总面积 41.2%。南部为低丘陵区,包括汤塘、龙山 2 个镇,约占全县总面积 30%。

第三节　主要山岭

观音山。观音山位于县城北面,跨高岗、三八、石角等地区,其西北面为英德市。观音山海拔 1048 米,面积 25.69 平方千米,最高峰亚婆髻海拔 1218.8 米,是佛冈县第一高峰。在观音山范围内,植物种类繁多,已采集到的标本有 168 科 517 属 1073 种。动物有鸟类 13 目 23 科 106 种,哺乳类 7 目 14 科 25 种,两栖类 2 目 3 科 11 种,爬行类 3 目 8 科 22 种。1985 年 11 月 19 日成立观音山省级自然保护区。

通天蜡烛。通天蜡烛位于县境东北面,海拔 1047 米,总面积约 1.67 平方千米,是潖江的发源地。西北面与独凰山、苦茶山(海拔 736 米)相连,西南面有黄金脑(海拔 988 米)、羊角山、棋盘山。

独凰山。独凰山位于迳头、水头两镇东部交界处,海拔 828.1 米,总面积约 3.3 平方千米。

羊子栋。羊子栋在观音山主峰的东北面,与云屏障相连,海拔 804 米,总面积约 0.67 平方千米,是烟岭河的发源地。

羊角山。羊角山在县城东面原三八镇区域内,海拔 705.5 米。据《佛冈厅志》记载,佛冈十大名胜之一的"羊角归樵"即指此山。1958 年建立国营羊角山林场,面积 26.74 平方千米。

第四节　河流

一、潖江

潖江属北江水系中的一级支流,是佛冈县的主要河流。

潖江发源于水头镇上潭洞的通天蜡烛南侧,由东向西南流经上潭洞、下潭洞,西田、桂田、水头圩汇耀洞水;经莲瑶、莲塘,于二七汇诚迳水;过三八圩又汇九曲水;过吊牛岭至佛冈县城(石角镇)汇龙溪水后,经白坟前至科旺,到店前村又汇龙南汶坑水;穿过大庙峡谷至汤塘镇的升平、三门等村汇岑坑水;在汤塘镇汇黄花河、四九水、洛洞水;经联和折向西南至龙山镇的占果村又汇竹山水;经官路唇于车步汇浮良水后到凤洲,过龙山镇汇潖二水;经乐格、良头布村到民安镇坑口村又汇合民安水;然后到良塘村的大罗坑(地名,佛冈与清远分界处),在清新县江口镇注入北江。

潖江流域总面积 1386 平方千米,全河长 82 千米,河床平均坡降为 1.74‰。在佛冈县境内流域面积为 903.5 平方千米,河段长 69.3 千米,河段平均坡降为 1.98‰。由发源地至大庙峡的下三门刀排村,河床较陡,平均坡降达 4.82‰。汤塘以下至良塘村,河床变化较缓,平均坡降为 1‰至 0.8‰。由龙山镇水电管理所至良塘河段,因地势低,河床坡降平缓,洪水期受北江水顶托倒灌,常发生洪涝灾害。

潖江流域支流众多,其中集水面积大于 100 平方千米的主要支流有:潖二水、四九水和龙南水。

潖二水。又名鳌头水，发源于从化县鳌头镇的金星山，经过鳌头镇、龙潭镇流经佛冈县龙山镇的鹤田村，穿过猁狪峡出白沙塘村，至龙山镇汇入潖江。潖二水流域集水面积323平方千米，河床平均坡降为1.64‰，潖二水在佛冈县境仅5.5千米，集水面积12.5平方千米。

四九水。又名稳洞水，发源于四九田心的黄竹田村的红坪脑（山顶名）。先向东流，至石瓮经横坑村折向东北于亚髻山南麓蜿蜒至田心村、官山村，流经四九圩、菱塘、白石坳、汤塘镇的上黎、良安、围镇、脉塘等村，至汤塘圩的北侧汇入潖江。

龙南水。又名汶坑水，发源于原龙甫镇石联村大石坑顶的马将旗（山顶名）分水岭。流域面积110平方千米，河长27千米，河床平均坡降为6.47‰。该水由发源地开始，奔流于群山中，经两叉口（地名）与两条小支流汇合后，成"U"字形弯曲折向石龙头村，经石联、马路口、里水、咸水村，过旱塘（原龙南镇政府驻地）、龙盘、石群等村，转折向东南，经汶坑、小坑、元山村、石角镇的科旺，在店前村东侧汇入潖江。流域面积绝大部分属原龙南镇所辖。

二、烟岭河

烟岭河是佛冈县的第二大河，发源于高岗镇礼溪村的羊子栋。由北向南经礼溪、长江，汇宝山水后至上陈（新街），又汇路下水，向东北流经下陈村、白牛湖、学堂前入三江圩，在三江北汇漏坑、刘屋水、西汇观音山水，三水汇合后称三江水，在烟岭车角再汇大陂水后称烟岭河，经大坪圩、前所、下文岭穿过文昌阁流入英德的太平镇，于狮子口注入瀽江。烟岭河在佛冈县境内长32千米，集雨面积361平方千米。烟岭河由发源地至三江段，河床较陡，三江至文昌阁，河床坡降较缓。河段平均坡降4‰。

烟岭河支流众多，其中集雨面积大于100平方千米的支流是大陂水。

大陂水（又名文昌河）。发源于迳头镇荆竹园村湖坪岽的通天蜡烛北侧，与潖江同源于一山。由发源地湖坪岽流经荆竹园村后转折入上青洞，汇中洞水，经下青洞，出湖洋，汇上岭排水，流经仓前，汇风迳水，经迳头圩，在大陂汇粟坑水，至原烟岭镇车角村与三江水汇合后，称烟岭河。

大陂水流域面积102平方千米，河段平均坡降为11‰，由于天然河床较陡，山地植被较好，水力资源较为丰富，是县内小水电开发利用的重点河流之一。

第二篇　气候

第三章　主要气候特征

佛冈县地处南亚热带和中亚热带过渡区,气候湿润,海洋性气候特别显著,具有温暖多雨、光热充足、温差较小、夏季长、霜期短等气候特征。由于雨热同期,极利于作物的生长,但自然灾害威胁也较大,特别是暴雨、雷雨大风等灾害性天气,常给工农业生产带来不利的影响。佛冈光热资源充足,年平均日照时数为 1710.9 小时,年平均气温为 20.9℃,日平均气温都在 0℃以上。极端最高气温 39.8℃,极端最低气温－4.2℃,无霜期 343 天。雨量充沛,年降水量为 2172.4 毫米,雨季(4—9 月)降水量占全年的 79%。佛冈背山,面朝珠江口,因受地形影响,降雨多,是广东三个暴雨中心之一。雷暴活动频繁,年均雷暴日达 85.3天。冬夏季风的交替是佛冈季风气候突出的特征。冬季偏北风因极地大陆气团向南伸展而形成,寒冷干燥。夏季偏南风因热带海洋气团向北扩张所形成,温暖潮湿。夏季风转换为冬季风一般在 9 月份,而冬季风转换为夏季风在 4 月份。

第一节　气候特点

一、气温

佛冈县年平均气温 20.9℃。1 月平均气温最低,为 11.8℃;7 月平均气温最高,达28.2℃。根据佛冈县国家基本气象站 52 年观测记录,极端最高气温为 39.8℃,极端最低气温为－4.2℃。高温日数呈上升趋势,低温日数呈下降趋势。

二、降水

佛冈县年平均降水量为 2172.4 毫米,雨量年际变化较大,最多的年份为 3519.5 毫米,最少的年份只有 1183.8 毫米。全年雨量有 79% 出现在 4—9 月,其中 4—6 月平均雨量达1105.5 毫米,占全年的 51%。4—6 月为前汛期,降水主要由锋面低槽造成。7—9 月平均雨量为 611.8 毫米,占全年雨量 28%,主要由热带气旋、热带辐合带、热带低压等热带天气系统造成。一年中各月雨量变化呈单峰型,6月最多,平均达423.3毫米,12月最少,平均只有40.0毫米。历年雨量最多的月份为1968年6月,达1039.0毫米。佛冈县年平均降雨日数(≥0.1毫米)为166天,最多的年份216天,最少的年份也有133天。

三、风

佛冈县年平均风速为1.8米/秒,其中第一、第四季度平均风速最大,各月平均风速1.9~2.2米/秒。盛夏平均风速最小,7—8月只有1.3~1.5米/秒。16个方向中,年主导风向为东风,出现频率达到15%。次多风向为东北,出现频率达到11%。各季节盛行风随季节交替变化,9月至次年5月以东北~东风为主,6—8月多为西南风和偏西风。

四、湿度

佛冈县年平均相对湿度为78%,最大达84%,最小为68%。一年中3—8月平均相对湿度81%~84%,12月相对湿度最小,为68%。日极端最低相对湿度为8%。

第二节　四季气候

四季的划分有多种不同的方法。最早是用二十四节气中的立春、立夏、立秋、立冬作为四季的开始。民间的习惯将阴历一、二、三月三个月份为春季,四、五、六月份为夏季,七、八、九月份为秋季,十、十一、十二月份为冬季。天文学上划分的方法是以"四立"、"二分二至"作为四季的界限。气候学则提出,用候平均气温低于10℃为冬季,高于22℃为夏季,10~22℃为春秋季。

为方便起见,本志把阳历12、1、2月份作为冬季,3、4、5月份为春季,6、7、8月份为夏季,9、10、11月份为秋季。这种划分方法,佛冈夏季刚好是最热的3个月,冬季是最冷的3个月。夏季平均气温27.7℃,冬季平均气温12.8℃,春季和秋季平均气温相对比较接近,分别为21.0℃和22.6℃,见图3-2-1。

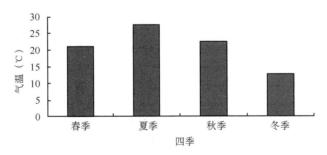

图3-2-1　佛冈县各季平均气温

一、春季(3—5月)

春季是冬、夏季的过渡季节,冷空气势力开始减弱,进入春季后天气明显回暖,雨热同期增加,降水量增大,雨季从这时开始,4月进入前汛期。由于南下的冷空气常与北上的暖空气在华南上空对峙,易造成长时间的低温阴雨天气,日照偏少。佛冈春季主要气候特征有:(一)气温呈逐步上升的趋势。气温逐月上升的同时,由于冷暖空气交替频繁,常出现"乍冷乍暖"天气,民间有"春天一日三时变"的谚语来形容春季天气的多变,在个别冷空气势力强的年份常出现倒春寒天气。(二)降水量明显增多。3—5月各月降水量一般呈大幅度递增趋势。春季平均降水量在833.3毫米,占全年降水量的38%左右。(三)多雨雾、寡日照。春季以阴雨天气为主,也是全年雾天最多的时段,使得春季是全年日照最少的季节,仅占全年日照时间的15%左右。(四)容易出现强对流灾害性天气。主要灾害性天气有暴雨、雷雨大风、强雷暴、冰雹、龙卷等。

二、夏季(6—8月)

夏季是高温炎热的季节,常出现日最高气温高于或等于35℃的高温天气。夏季的主要气候特征有:(一)强对流天气频繁。夏季气温高,水汽充沛,易激发雷暴、雷雨大风等强对流天气。(二)日照长,高温日数多。进入夏季,日照时数明显增加。到7、8月,由于副热带高压的长时间控制,常出现连续几日最高气温高于或等于35℃的高温天气。(三)开始受热带气旋影响。7月开始,海上热带系统活跃,常有热带气旋生成。热带气旋对佛冈县的影响主要是强降水,同时热带气旋外围下沉气流也带来高温闷热及大风天气。(四)暴雨洪涝、雷雨大风、高温炎热等气象灾害多发。

三、秋季(9—11月)

秋季是夏、冬季的过渡季节,冷空气活动逐渐加强,但其势力一般对本地区影响不大,气温逐月下降。初秋以热带气旋降水为主,到10月,雨季基本结束。秋季的主要气候特征有:(一)天晴少雨、易旱。绝大多数年份里秋季都是晴天少雨且蒸发量大,因此,常有秋旱出现。(二)秋高气爽,昼夜温差增大。秋季日平均气温大多在22.3℃,人体感觉舒适。但有时天气反常,会出现高温,日极端最高气温仍可达34～35℃,使人感到异常炎热,这就是人们常说的"秋老虎"。(三)寒露风是秋季的主要气象灾害。当冷空气势力强时,日平均气温降到低于或等于23℃,连续3天或以上就会出现俗称的"寒露风"。

四、冬季(12月至次年2月)

冬季北方冷空气强盛,华南常受冷高压脊控制,所以本季以晴冷天气为主。降雨稀少,气温下降,为全年最低。冬季的主要气候特征有:(一)降水量少、日照短。冬季平均降水量只有190.1毫米,只占全年降水量的9%左右。日照时数逐月下降,到2月日照时数仅76.5个小时。(二)气温低、空气干燥寒冷。冷空气的不断侵袭,使气温明显下降,12月至次年2月日平均气温仅在12.8℃,降到全年最低。日最低气温低于或等于5℃的低温天气常有出现,一年中的极端最低气温也出现在冬季。(三)低温霜冻是冬季的主要灾害。强冷空气后期,受辐射降温影响,早晨易出现低温霜冻。

第四章 气候要素

第一节 日照

一、年日照时数

佛冈县历年平均年日照总时数为 1710.9 小时,日照的年际变化较大。日照最多年份是 1963 年,全年达到 2181.7 小时。日照最少的为 1961 年,全年仅有 1386.9 小时。

二、月日照时数

月日照时数除了受季节变化影响外,还与天气变化密切相关,造成各月差异较大。2、3、4 月份日照时数较少,5 月开始增多,7 月份达到最大值,达 207.3 小时。下半年日照较多,平均每月都在 150 小时以上。3 月份由于低温阴雨较多,日照 67.3 小时,为 7 月份的 32%。历年月日照时数最少值出现在 1984 年 4 月,当月仅有 7.0 小时日照,平均每天只有 0.2 小时。月日照最多月份出现在 2003 年 7 月,当月日照时数达到 301.2 小时,平均每天有日照 9.7 小时,见表 4-1-1。

表 4-1-1　1957—2008 年佛冈平均月日照时数分布情况表　　　　　　　（单位:小时）

月份	1月	2月	3月	4月	5月	6月	7月	8月	9月	10月	11月	12月	年
平均	120.0	76.5	67.3	73.6	114.8	131.9	207.3	199.3	186.9	192.0	177.9	163.5	1710.9
最多	231.7	184.3	152.9	132.2	219.0	215.1	301.2	279.3	278.3	285.5	268.5	242.5	2181.7
最少	38.0	21.5	12.2	7.0	51.2	61.4	129.4	127.8	66.8	118.2	58.6	71.5	1386.9

第二节 温度

一、平均气温

年平均气温　佛冈县年平均气温 20.9℃,年际间在 20.1～21.9℃ 变化,年际变幅为 1.8℃。年平均气温反映当年总的热量状况,从历年年平均气温曲线图(图 4-2-1)看到,自 1957 年有气象记录以来的半个多世纪内,气温总趋势是上升的。20 世纪 90 年代中后期开始,气温有明显的上升趋势,在此之前气温都在平均值附近振荡变化。

月平均气温　各月平均气温以 7 月最高,达到 28.2℃,其次为 6、8 月,平均气温分别为 26.9℃ 和 27.9℃。1 月份最低,平均气温为 11.8℃,见图 4-2-2。月平均最高、最低气温见图 4-2-3 和图 4-2-4。

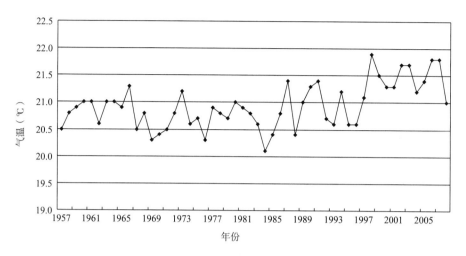

图 4-2-1　1957—2008 年佛冈县年平均气温曲线图

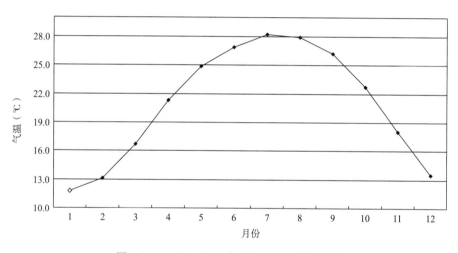

图 4-2-2　1957—2008 年佛冈县各月平均气温

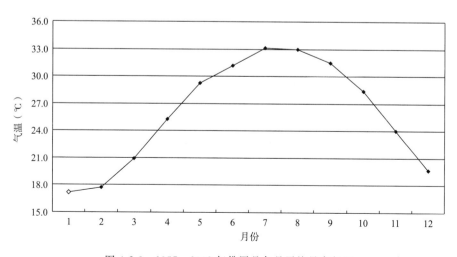

图 4-2-3　1957—2008 年佛冈县各月平均最高气温

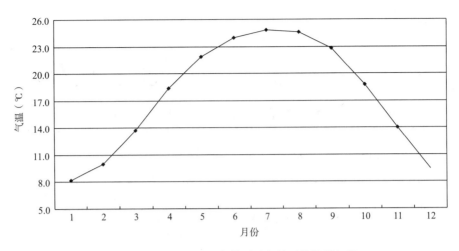

图 4-2-4　1957—2008 年佛冈县各月平均最低气温

二、极端气温

极端最高气温　佛冈县的极端最高气温为 39.8℃，出现在 2003 年 7 月 23 日。其次为 38.9℃，出现在 1980 年 7 月 10 日。

极端最低气温　佛冈县的极端最低气温为－4.2℃，出现在 1963 年 1 月 16 日。其次为－3.3℃，出现在 1961 年 1 月 19 日。

三、气温的日变化

气温的日变化不同季节有差异，日最高气温一般出现在下午 3 时前后，夏季可提前到下午 2 时到 2 时 30 分，冬季则可以延迟至下午 4 时。日最低气温一般出现在早上 5—6 时日出前，冬季可延迟到 6 时 30 分前后。

气温日较差平均在 7～10℃，春季由于阴雨天多，日较差最小。秋冬季天气晴朗，夜间辐射降温比较明显，日较差大。

四、地温

平均地面温度　佛冈县年平均地面温度为 23.6℃，与气温相比较，年平均地面温度比气温约高 2.7℃。历年平均地面温度的最低值为 22.8℃，出现在 1984 年和 1993 年。最高出现在 1966 年，该年平均地面温度为 24.8℃。

地面温度的月分布趋势与气温基本一致。最冷月为 1 月，平均为 13.7℃，而多年平均气温 1 月为 11.8℃，相比之下，地面温度比气温高 1.9℃。最热月为 7 月，平均地面温度为 32.1℃，而 7 月多年平均气温为 28.2℃，地面温度比气温高 3.9℃，见表 4-2-1。

表 4-2-1　1957—2008 年佛冈县历年逐月平均地面温度表　　　　　　　　　（单位：℃）

年份	1 月	2 月	3 月	4 月	5 月	6 月	7 月	8 月	9 月	10 月	11 月	12 月	年平均
1957	15.3	9.5	16.8	22.6	26.0	—	—	32.9	30.3	23.9	21.2	17.1	—
1958	12.8	13.0	19.0	23.4	28.2	30.2	32.6	32.5	30.1	24.7	21.1	16.9	23.7

注：表中"—"代表缺省值，下同。

续表

年份	1月	2月	3月	4月	5月	6月	7月	8月	9月	10月	11月	12月	年平均
1959	13.4	14.8	19.3	23.7	27.6	28.7	31.8	31.1	30.1	27.0	21.0	16.4	23.7
1960	13.6	18.9	20.9	21.0	25.5	30.2	32.2	30.8	29.3	25.1	21.0	14.9	23.6
1961	13.0	13.8	18.2	23.3	27.9	32.4	31.3	30.4	28.0	27.7	22.0	15.5	23.6
1962	12.3	16.4	17.2	21.8	26.9	28.7	33.8	35.2	31.1	26.2	18.9	15.3	23.7
1963	11.3	14.2	18.9	23.6	33.0	32.0	31.5	34.6	32.7	25.3	20.9	15.1	24.4
1964	13.2	11.7	18.6	25.6	29.6	29.1	34.7	30.3	29.6	27.3	21.4	16.1	23.9
1965	15.9	17.7	18.6	22.0	27.1	29.8	31.1	33.0	30.7	25.5	21.5	14.9	24.0
1966	16.1	17.3	19.9	23.0	29.1	28.4	31.3	34.4	31.3	28.1	22.3	16.2	24.8
1967	12.5	12.4	19.5	22.4	28.6	32.6	34.7	30.0	30.0	27.3	22.3	12.5	23.7
1968	16.0	9.6	18.5	22.8	27.0	28.1	32.7	31.0	31.6	26.9	22.3	20.3	23.9
1969	12.9	10.9	16.6	22.7	27.6	28.3	32.9	31.9	32.6	26.3	19.2	15.0	23.1
1970	11.9	16.8	13.6	21.3	26.5	30.9	32.5	30.8	28.7	25.2	21.2	15.5	22.9
1971	11.8	15.7	19.7	24.8	25.9	29.7	31.6	32.0	31.6	25.8	20.4	15.3	23.7
1972	14.9	12.9	20.3	20.8	27.1	30.9	33.9	31.2	30.4	26.4	19.9	15.0	23.6
1973	12.3	19.3	21.2	22.8	26.6	28.9	30.6	30.3	31.0	25.0	19.6	14.1	23.5
1974	13.6	13.2	17.5	23.5	29.6	29.0	31.2	33.6	30.9	25.9	19.3	15.9	23.6
1975	13.4	16.5	18.1	23.7	26.6	29.4	32.3	30.3	30.2	24.0	18.4	12.2	22.9
1976	15.0	16.0	15.9	20.3	27.8	28.6	30.8	31.9	30.1	25.4	17.8	16.0	23.0
1977	9.9	14.0	21.6	23.7	29.2	29.0	30.8	32.1	29.9	26.7	20.0	18.0	23.7
1978	12.5	13.6	16.5	22.4	26.4	30.1	33.8	30.4	31.4	23.8	20.8	16.8	23.2
1979	13.9	17.0	15.7	21.5	26.0	29.7	33.5	30.2	28.7	25.2	19.7	17.9	23.3
1980	14.6	12.1	19.0	21.5	26.8	31.4	32.8	30.7	29.8	27.8	22.7	16.9	23.8
1981	14.6	15.0	18.8	24.2	25.1	29.6	30.4	34.9	30.4	25.2	19.6	15.1	23.6
1982	17.4	14.2	17.7	22.7	26.9	28.9	32.6	32.4	30.5	27.7	20.8	12.9	23.7
1983	12.0	13.2	15.2	22.5	27.1	30.6	33.9	32.6	30.6	27.1	20.3	15.1	23.4
1984	11.0	11.5	17.0	20.9	25.8	29.9	33.9	31.2	29.1	27.2	21.5	14.5	22.8
1985	13.0	13.4	14.6	21.2	30.8	29.6	31.6	31.9	27.5	27.8	21.5	14.8	23.1
1986	14.9	12.8	16.4	23.5	28.6	28.9	31.8	32.9	31.2	27.0	19.7	15.4	23.6
1987	16.1	17.9	19.5	23.7	26.3	29.0	30.8	30.8	29.0	26.3	19.5	15.3	23.7
1988	16.2	12.8	14.0	20.5	26.9	32.0	32.5	29.6	30.0	26.9	18.7	16.2	23.0
1989	12.1	15.0	20.1	21.8	25.4	28.9	32.7	33.6	30.2	28.2	22.0	15.1	23.8
1990	13.2	14.5	19.1	20.4	27.5	30.2	32.8	34.7	30.8	26.9	20.8	18.0	24.1
1991	13.8	17.3	18.2	24.1	27.0	32.1	30.9	32.6	30.2	25.2	20.0	16.2	24.0
1992	13.2	12.7	14.7	22.3	25.7	28.7	31.3	33.5	31.7	26.5	20.5	17.7	23.2
1993	11.2	16.2	17.5	21.6	26.3	28.4	31.8	32.4	28.6	24.8	20.1	14.9	22.8
1994	15.6	14.8	15.8	24.0	28.1	29.3	31.0	30.3	29.6	26.4	23.3	16.3	23.7
1995	12.7	13.1	16.7	22.7	27.6	29.8	32.0	30.5	30.8	25.7	19.6	15.0	23.0
1996	14.1	12.9	16.2	20.6	26.6	29.5	30.9	30.3	29.4	27.5	23.8	16.1	23.2
1997	15.2	14.0	19.6	23.2	26.7	28.4	29.9	30.3	27.4	26.3	20.9	16.1	23.2
1998	12.6	14.7	18.8	25.4	27.5	27.7	31.2	33.8	30.1	28.2	23.0	17.1	24.2
1999	15.1	18.1	18.3	24.2	24.9	30.9	30.9	30.4	29.3	27.4	21.3	14.2	23.8

年份	1月	2月	3月	4月	5月	6月	7月	8月	9月	10月	11月	12月	年平均
2000	15.1	14.7	19.1	22.3	27.3	29.6	31.4	29.8	29.5	25.7	19.1	16.7	23.4
2001	15.3	15.1	19.1	21.2	27.6	28.5	29.9	30.9	29.5	28.6	20.8	14.7	23.4
2002	14.4	17.6	20.7	25.1	29.3	31.6	29.8	30.8	28.2	24.0	18.8	14.9	23.8
2003	13.4	18.4	18.9	25.5	29.1	28.6	35.5	32.1	29.6	26.2	21.6	15.5	24.5
2004	13.0	16.6	17.1	24.0	26.6	31.6	30.2	31.5	32.1	27.0	22.0	17.1	24.1
2005	13.7	14.0	16.3	22.5	28.0	28.9	34.1	31.9	30.5	28.1	23.2	15.5	23.9
2006	16.3	17.8	17.0	23.6	25.6	29.4	32.2	32.2	28.5	28.1	21.5	14.9	23.9
2007	13.5	17.8	17.7	21.2	28.7	30.7	34.8	31.1	29.7	28.3	21.1	17.9	24.4
2008	13.5	11.9	20.5	23.2	26.5	28.2	30.7	31.6	30.7	28.5	21.2	16.3	23.6
累年平均	13.7	14.7	18.0	22.7	27.3	29.7	32.1	31.8	30.1	26.4	20.8	15.8	23.6

极端地面温度　佛冈县极端最高地面温度为 70.2℃,出现在 1962 年 7 月 25 日,极端最高地面温度的月分布趋势也与气温大致相同,见表 4-2-2。

表 4-2-2　1958—2008 年佛冈县历年逐月地面最高温度表　　　　　　　（单位:℃）

年份	1月	2月	3月	4月	5月	6月	7月	8月	9月	10月	11月	12月
1958	—	—	—	47.1	62.4	60.7	64.6	65.1	60.7	59.5	55.6	44.8
1959	50.1	47.2	48.9	54.1	55.6	48.6	64.1	66.1	59.4	59.9	47.8	46.2
1960	44.2	48.2	52.1	50.5	44.3	55.6	68.6	60.1	60.8	53.9	46.6	39.1
1961	42.1	35.6	42.8	57.9	58.2	66.4	56.9	62.0	53.4	55.5	51.9	44.0
1962	40.6	49.6	48.2	54.3	63.5	51.6	70.2	67.5	61.3	56.7	46.7	41.2
1963	41.2	43.6	46.7	49.5	67.5	65.1	62.2	64.8	64.5	60.3	48.5	41.5
1964	33.7	38.8	44.7	54.1	64.4	55.1	65.7	56.1	62.4	53.8	47.2	43.0
1965	50.0	45.7	46.0	40.5	54.7	64.7	62.5	65.0	65.9	45.1	48.3	41.9
1966	44.4	44.1	48.6	44.2	66.9	61.4	62.6	64.7	62.2	58.3	—	—
1967	—	—	—	50.2	54.9	66.0	67.2	64.5	60.1	56.8	48.7	39.2
1968	40.9	33.6	49.0	51.0	53.6	52.3	68.0	60.1	60.3	58.7	48.3	47.4
1969	34.0	42.6	40.5	54.2	57.1	54.2	62.2	59.1	63.0	54.3	49.6	40.8
1970	40.6	45.2	37.2	47.5	48.0	60.2	62.4	61.6	55.1	52.8	50.2	40.1
1971	40.2	44.2	53.3	51.2	48.9	53.9	61.8	61.3	64.0	61.9	46.5	43.5
1972	41.5	32.3	47.3	40.7	56.8	60.8	65.8	61.3	60.3	54.5	53.5	44.0
1973	29.5	45.0	49.3	49.4	43.7	54.7	55.7	58.3	62.2	51.6	43.3	36.4
1974	43.2	49.4	47.4	57.9	65.6	60.3	64.7	63.9	60.4	58.0	42.9	39.4
1975	36.9	43.4	39.6	44.7	43.9	49.4	60.4	55.9	61.8	51.2	47.7	40.6
1976	43.3	48.0	35.9	42.4	61.5	53.9	63.5	64.7	62.5	53.8	42.4	42.5
1977	40.6	46.0	54.8	50.7	58.5	55.0	59.0	60.8	57.6	56.9	47.5	42.6
1978	39.0	39.2	37.3	49.8	48.5	54.5	64.6	55.5	63.4	47.8	42.5	41.9
1979	37.3	40.7	32.4	53.2	59.0	60.4	61.4	62.1	58.0	50.7	53.4	42.7
1980	40.0	40.3	43.3	43.3	61.2	65.4	64.9	59.8	58.8	57.4	47.5	43.0
1981	43.2	41.8	43.1	51.6	51.9	64.0	62.7	64.8	60.3	54.4	44.8	39.3
1982	45.9	44.8	48.3	49.5	60.1	59.8	67.6	64.1	60.2	61.8	47.2	37.1

续表

年份	1月	2月	3月	4月	5月	6月	7月	8月	9月	10月	11月	12月
1983	39.2	31.6	35.5	47.3	55.8	61.8	63.8	64.3	63.0	54.6	44.6	39.3
1984	38.2	35.5	40.4	37.3	53.5	56.5	66.2	63.6	59.6	55.3	50.7	42.3
1985	36.7	36.0	40.4	53.8	63.2	63.4	62.1	64.8	56.2	60.2	47.4	43.7
1986	44.9	37.0	42.4	49.4	63.3	51.1	65.2	65.2	62.2	58.7	45.4	39.0
1987	44.5	46.1	39.0	56.5	50.5	61.7	63.8	60.0	62.3	54.0	43.5	46.5
1988	45.0	38.2	39.5	53.0	44.0	60.7	64.0	59.0	55.5	58.0	41.8	45.0
1989	33.0	48.4	52.8	48.5	46.7	53.8	64.3	68.0	57.4	60.6	54.5	43.4
1990	38.5	39.5	50.6	43.3	61.3	63.8	65.6	64.8	66.3	56.4	46.8	46.3
1991	38.2	44.4	38.4	53.9	60.4	68.7	61.5	65.0	60.4	51.7	48.0	46.0
1992	39.9	40.2	32.7	44.6	52.7	51.4	62.0	63.5	61.5	58.6	50.6	45.2
1993	41.2	44.5	40.8	42.5	52.5	59.5	58.5	65.0	59.1	55.5	43.6	44.1
1994	42.9	41.3	40.6	51.8	55.3	63.3	64.1	62.4	67.0	60.7	48.3	38.9
1995	43.6	38.6	38.1	48.8	62.2	60.4	65.3	63.8	64.8	58.5	47.0	42.5
1996	41.5	47.2	46.5	54.9	57.3	61.5	65.3	62.9	59.7	54.4	55.9	41.6
1997	43.2	49.7	48.1	56.9	56.9	61.6	61.6	58.0	56.0	50.0	50.1	42.4
1998	40.5	33.3	47.9	57.3	55.0	49.8	57.6	67.8	59.0	57.6	50.0	43.5
1999	40.5	47.0	52.0	48.0	53.2	56.8	62.9	65.4	59.9	54.2	50.2	40.3
2000	42.5	42.0	53.0	43.1	60.8	61.2	63.7	54.0	64.6	60.9	43.3	41.0
2001	44.5	48.9	43.0	45.5	55.5	64.0	59.9	60.3	58.9	57.5	47.6	41.0
2002	40.0	47.0	49.0	60.0	66.2	68.0	60.5	64.4	62.7	56.6	46.8	41.3
2003	39.9	49.8	48.3	64.0	62.5	58.1	66.8	66.4	61.5	53.3	47.2	40.1
2004	39.6	48.1	41.7	54.1	60.3	65.2	65.4	64.6	65.7	52.7	47.8	42.6
2005	36.2	39.6	44.1	42.1	54.3	55.4	61.8	57.5	58.5	53.5	47.0	35.1
2006	43.3	44.3	35.3	42.3	46.3	58.0	61.9	56.1	52.5	52.4	44.7	33.1
2007	34.5	40.1	34.2	45.4	62.4	63.3	64.9	68.6	56.7	57.1	48.6	43.1
2008	45.2	49.3	46.1	44.4	56.1	60.1	56.4	59.4	58.2	55.4	47.2	49.5
累年最高	50.1	49.7	54.8	57.9	67.5	68.7	70.2	68.0	67.0	61.9	55.9	47.4

极端最低地面温度为−7.4℃,出现在1963年1月16日;其次为−4.0℃,出现在1974年1月1日,见表4-2-3。

表4-2-3 1958—2008年佛冈县历年逐月地面最低温度表 （单位：℃）

年份	1月	2月	3月	4月	5月	6月	7月	8月	9月	10月	11月	12月
1958	—	—	—	18.4	20.5	19.3	23.4	20.8	17.2	6.7	2.8	2.1
1959	−1.3	5.6	5.8	13.8	16.5	22.4	22.8	22.9	13.9	9.5	6.0	3.5
1960	−2.5	−1.6	10.5	7.7	14.8	21.1	22.6	23.2	17.2	10.1	6.5	1.4
1961	−3.5	0.7	7.7	11.3	11.6	20.7	23.6	22.4	19.8	11.5	6.2	1.8
1962	−1.8	1.7	3.5	9.0	17.6	21.2	23.0	23.5	20.2	10.9	2.2	−0.3
1963	−7.4	−0.7	3.6	6.5	19.3	19.6	23.1	23.3	20.0	10.3	7.2	1.0
1964	2.5	1.3	7.8	15.0	17.9	15.7	23.8	22.9	20.4	17.6	4.1	0.2
1965	1.5	7.0	3.8	11.6	11.5	20.7	22.8	21.5	15.7	10.0	5.8	−0.4

续表

年份	1月	2月	3月	4月	5月	6月	7月	8月	9月	10月	11月	12月
1966	−0.1	3.2	6.5	12.3	12.8	20.8	22.6	20.1	12.9	12.4	6.8	1.5
1967	−2.0	0.0	3.8	11.5	20.8	18.3	22.6	22.0	17.0	12.2	8.0	−1.0
1968	2.0	1.3	2.0	11.0	16.7	19.5	22.5	23.1	17.5	9.7	8.5	2.4
1969	2.4	−2.6	1.8	4.8	17.1	19.6	24.0	22.0	19.5	11.8	4.0	0.6
1970	−0.8	1.7	6.5	9.7	17.0	19.8	22.3	21.6	15.6	10.3	7.6	4.3
1971	−0.4	1.5	5.5	15.0	14.5	21.0	22.7	19.0	18.4	9.8	3.8	2.8
1972	−0.5	−1.0	−0.5	7.6	18.8	18.3	21.3	23.0	17.3	12.3	7.2	4.0
1973	1.2	7.0	11.1	10.2	20.0	20.7	22.8	23.0	20.4	8.3	7.0	−3.6
1974	−4.0	−1.2	1.9	6.0	20.1	22.3	22.1	20.0	20.9	10.6	6.2	6.4
1975	0.6	4.0	6.6	8.5	17.5	21.8	21.4	21.8	21.7	7.2	−0.5	−3.6
1976	−2.3	−0.2	3.6	11.1	12.3	19.2	21.6	21.7	17.1	14.2	4.3	0.5
1977	−0.8	−0.9	3.2	8.8	17.6	22.1	22.7	22.5	18.3	12.2	6.0	3.4
1978	−0.9	0.6	7.5	12.5	15.5	20.5	23.5	23.2	19.8	6.6	9.2	3.5
1979	3.9	1.1	6.3	10.3	16.2	19.2	24.3	22.2	15.3	9.8	4.1	3.5
1980	0.4	1.5	10.0	7.9	16.3	18.7	22.6	23.0	17.3	9.4	10.4	1.2
1981	1.3	4.4	7.2	17.3	14.1	20.0	22.6	23.6	19.4	8.0	6.9	1.7
1982	3.2	3.8	8.6	9.7	13.7	18.6	23.3	23.2	18.8	16.6	5.8	−1.2
1983	−0.3	4.8	4.1	8.2	13.6	20.6	23.5	22.0	20.3	15.1	4.1	1.1
1984	−0.9	−1.0	0.1	15.0	10.9	22.5	23.5	22.5	20.3	10.7	6.2	−1.0
1985	2.2	3.3	5.8	10.9	20.9	20.9	22.6	23.7	19.3	12.4	8.4	−1.7
1986	−1.5	0.7	−0.5	13.3	18.1	22.9	22.2	21.3	14.5	7.6	5.1	2.3
1987	1.0	3.0	6.7	11.5	19.4	17.9	23.5	22.9	18.9	13.8	4.5	−1.1
1988	3.0	3.0	3.6	8.6	19.4	14.9	21.5	22.4	17.4	11.7	5.0	0.6
1989	2.5	1.5	5.2	12.7	16.8	21.4	20.7	21.9	19.1	13.4	4.5	1.8
1990	3.4	1.0	6.3	11.1	11.4	21.0	21.3	19.6	18.5	10.1	5.9	0.7
1991	4.0	2.7	9.3	6.1	15.3	20.5	22.1	22.5	17.3	8.1	6.9	−2.0
1992	−1.0	4.5	6.0	11.1	17.8	17.8	19.9	23.6	21.0	10.7	5.1	5.1
1993	−2.5	3.0	7.4	10.1	15.7	21.0	23.8	23.2	20.5	7.5	3.8	−0.7
1994	−0.5	5.7	2.9	14.5	15.1	20.8	22.9	22.0	17.1	9.7	9.5	4.8
1995	−0.2	2.0	4.5	14.0	16.2	22.5	23.2	22.8	15.5	16.0	1.9	0.2
1996	1.0	2.4	4.7	7.7	17.1	23.3	23.6	22.5	18.0	14.6	11.2	2.6
1997	1.7	3.2	7.3	14.6	17.4	20.6	23.3	23.5	16.0	12.0	5.2	6.1
1998	2.9	3.1	6.6	13.5	16.9	20.5	22.6	22.4	18.6	14.6	9.2	6.1
1999	2.1	3.5	8.0	9.6	14.9	22.9	24.3	22.9	14.5	12.5	5.7	−2.7
2000	0.2	2.5	8.1	11.3	17.0	20.2	23.0	22.7	15.9	11.2	5.2	3.5
2001	3.9	2.6	6.6	8.2	17.2	21.0	22.5	23.0	19.7	15.6	4.4	0.1
2002	1.3	4.3	5.3	10.8	19.6	20.2	22.7	22.0	19.6	11.7	7.6	2.4
2003	2.6	4.5	4.5	13.7	15.3	20.3	24.2	23.6	18.6	13.0	6.6	3.0
2004	0.2	2.1	6.1	12.7	15.2	19.6	22.7	23.3	17.0	13.0	6.5	2.4

续表

年份	1月	2月	3月	4月	5月	6月	7月	8月	9月	10月	11月	12月
2005	−0.9	4.0	2.4	11.4	18.6	22.5	23.8	23.0	21.4	13.5	9.9	2.1
2006	1.1	7.3	2.2	9.6	14.5	20.4	23.7	23.4	17.5	16.4	11.1	3.3
2007	1.1	2.1	7.4	9.4	16.0	22.3	24.3	22.5	20.5	14.0	4.7	4.3
2008	2.4	0.6	3.5	13.5	17.1	22.7	23.4	23.6	19.6	17.6	4.6	2.6
累年最低	−7.4	−2.6	−0.5	4.8	10.9	14.9	19.9	19.0	12.9	6.6	−0.5	−3.6

第三节　降水

降水量是指从天空降落到地面上的液态或固态(经融化后)的降水,未经蒸发、渗透、流失而在水平面积上积聚的深度。

一、年降水量

降水量的年际变化　1957—2008年,佛冈县年平均降水量为2172.4毫米。年际变化较大,最大年降水量为3519.5毫米,出现在1983年,最小的年降水量为1183.8毫米,出现在1991年,相差达两倍,见图4-3-1。

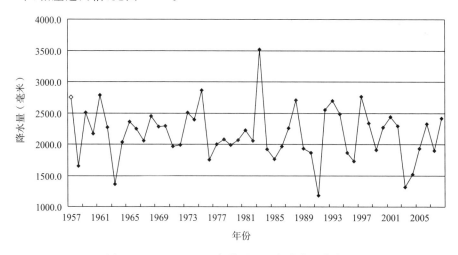

图4-3-1　1957—2008年佛冈县历年降水量曲线图

各级年降水量出现的概率　佛冈县年降水量主要集中在1900毫米到2700毫米之间,占总年数的69%,见表4-3-1。

表4-3-1　1957—2008年佛冈县各级年降水量出现概率表

年降水量(毫米)	<1900	1900~2700	>2700
出现年数	10	36	6
出现概率(%)	19	69	12

二、季降水量

佛冈降水量时间分布极不均匀,前汛期(4—6月)降水量达1105.5毫米,占全年降水量的近51%。后汛期(7—9月)降水量611.8毫米,占28%。其余半年仅占21%。

从季节上分,降水集中在春、夏两季,秋、冬季较少。其中春季(3—5月)为833.3毫米,夏季(6—8月)897.0毫米,秋季(9—11月)252.0毫米,冬季(12月至次年2月)190.1毫米。

三、月降水量

累年平均月降水总量以6月为最多,5月次之,分别达到423.3毫米和412.2毫米。降水最少月为12月,平均仅40.0毫米。历年月最大降水量为1039.0毫米,出现在1968年6月。其次为1011.3毫米,出现在2008年6月。最少时则整月滴雨未下,出现在2004年10月。1979年10月和1999年2月也都只有微量降雨,见图4-3-2至图4-3-4,以及表4-3-2。历年日最大降水量为294.9毫米,出现在1988年5月25日。

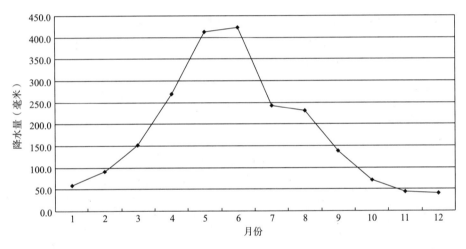

图 4-3-2　1957—2008年佛冈县累年平均月降水量图

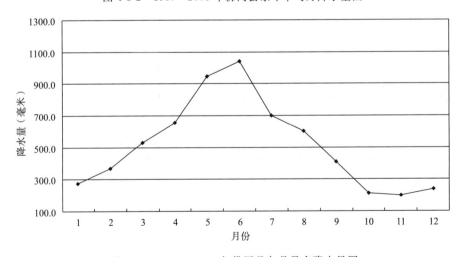

图 4-3-3　1957—2008年佛冈县各月最多降水量图

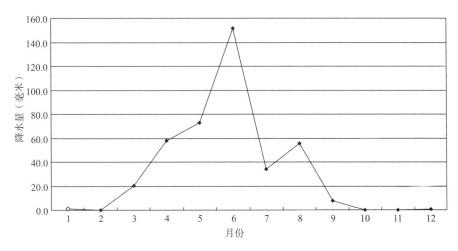

图 4-3-4　1957—2008 年佛冈县各月最少降水量图

表 4-3-2　1957—2008 年佛冈县累年平均各月降水量表　　　　　（单位：毫米）

月份	日最大	月最大	月最小	月平均
1	114.6	276.0	0.9	59.7
2	82.3	366.9	0.0	90.4
3	127.5	530.4	20.1	151.1
4	158.5	653.3	58.1	270.0
5	294.9	944.6	72.9	412.2
6	250.2	1039.0	151.9	423.3
7	259.7	701.1	34.2	243.2
8	147.0	602.7	55.7	230.5
9	126.3	407.5	7.5	138.1
10	107.2	213.4	0.0	70.6
11	79.1	198.5	0.2	43.3
12	55.3	239.1	0.4	40.0

四、降水日数

佛冈县年平均降水(≥0.1毫米)的日数为 166 天,最多的年份有 216 天,最少的年份也有 133 天。其中 4—8 月的累年平均月降水日数都超过 15 天。11 月雨日最少,累年平均为 5.3 天,见表 4-3-3。降雨量等级划分及佛冈县各级别雨量出现概率见表 4-3-4 和表 4-3-5。

表 4-3-3　1957—2008 年佛冈县各月降水日数表　　　　　（单位：天）

月份	累年平均	月最多	出现年份	月最少	出现年份
1	10	21	1989	1	1976
2	13	25	1985	0	1999
3	18	28	1979	6	1972,1977

续表

月份	累年平均	月最多	出现年份	月最少	出现年份
4	18	26	1984,1993	9	1969
5	20	29	1973,1975	9	1963
6	21	29	1962	13	1967
7	17	25	2002	6	2003
8	18	27	1988	8	1966
9	12	23	1985	4	1966
10	6	16	1975	0	1979,2004
11	6	15	1993	1	1958,1964,1983,1989
12	6	15	1959,1994	1	1962

表 4-3-4　降雨量等级表

降雨量名称	12 小时降雨量(毫米)	24 小时降雨量(毫米)
毛毛雨、小雨、阵雨	0.1～4.9	0.1～9.9
小雨—中雨	3.0～9.9	5.0～16.9
中雨	5.0～14.9	10.0～24.9
中雨—大雨	10.0～22.9	17.0～37.9
大雨	15.0～29.9	25.0～49.9
大雨—暴雨	23.0～49.9	38.0～74.9
暴雨	30.0～69.9	50.0～99.9
暴雨—大暴雨	50.0～104.9	75.0～174.9
大暴雨	70.0～139.9	100.0～249.9
大暴雨—特大暴雨	105.0～170.0	175.0～300.0
特大暴雨	≥140.0	≥250.0

表 4-3-5　1957—2008 年佛冈县各级别雨量出现概率表

级别(毫米)	小雨 (0.1～9.9)	中雨 (10.0～24.9)	大雨 (25.0～49.9)	暴雨 (50.0～99.9)	大暴雨和特大暴雨 (≥100.0)
概率	65.7%	18.4%	10.0%	4.6%	1.2%

第四节　湿度

空气湿度是表示空气中的水汽含量和潮湿程度的物理量。

一、水汽压

水汽压是指空气中水汽部分作用在单位面积上的压力,以百帕为单位。

佛冈县年平均水汽压为 20.6 百帕,最大年平均水汽压为 21.6 百帕,出现在 1998 年,最小为 19.7 百帕,出现在 1992 年。

月平均水汽压以 1 月、2 月和 12 月较小,其中 1 月最小,只有 10.1 百帕。6—8 月较大,其中 7 月最大,为 30.5 百帕,见表 4-4-1。

表 4-4-1　1957—2008 年佛冈县平均、最大、最小水汽压表　　　（单位：百帕）

月份	1 月	2 月	3 月	4 月	5 月	6 月	7 月	8 月	9 月	10 月	11 月	12 月	年
平均	10.1	12.0	15.8	21.2	26.0	29.5	30.5	30.3	26.6	20.0	14.4	10.7	20.6
最大	12.6	16.7	19.3	24.5	28.6	30.7	31.6	32.0	29.2	23.6	18.1	16.0	21.6
年份	1969	1973	1960	1981	1967	1986	1962 1993	1981	1963	1983	1965	1968	1998
最小	5.4	8.3	12.9	17.6	23.5	28.0	28.1	28.2	20.2	14.7	10.9	7.7	19.7
年份	1963	1968	1970	1996	1966	1982	2005	1958	1966	1992	1976 1979	1967	1992

二、相对湿度

相对湿度指空气中实际水汽压与当时温度下的饱和水汽压之比，以百分数表示。

佛冈县年平均相对湿度为 78%，各月的平均相对湿度在 68%～84%，湿雨同季。相对湿度最大月为 6 月，平均达到 84%，最小月为 12 月，为 68%。3—8 月相对湿度较大，月平均在 80% 以上。11 和 12 月受东北干燥季风影响，平均相对湿度不足 70%。极端最小相对湿度为 8%，出现在 1984 年 3 月 2 日，见表 4-4-2 和图 4-4-1。

表 4-4-2　1957—2008 年佛冈县历年月平均、最小相对湿度表　　　（单位：%）

月份	1 月	2 月	3 月	4 月	5 月	6 月	7 月	8 月	9 月	10 月	11 月	12 月
月平均	71	77	81	83	83	84	81	82	79	73	69	68
最小	9	11	8	17	13	20	31	30	18	12	13	10

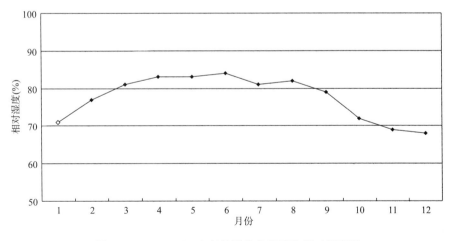

图 4-4-1　1957—2008 年佛冈县各月平均相对湿度图

第五节　蒸发

气象观测的蒸发量是水面蒸发量，指一定时间间隔内因蒸发而失去的水层深度，以毫米为单位。1957—2001 年，佛冈县气象观测站使用小型蒸发器测量蒸发量。1997 年起根据上级业务部门要求,改用 E601B 型蒸发器(大型蒸发器)测量蒸发量,小型蒸发器测量作为参考使用至 2001 年。由于仪器不同,造成蒸发量明显不同,但其反映的蒸发量变化趋势基本一致。

据 1957—2001 年资料,佛冈县年平均蒸发量为 1523.5 毫米(小型蒸发器测量),小于年降水量。蒸发量的变化与气温变化密切相关,最大月是 7 月,月平均蒸发量达到 194.2 毫米。最小月为 2 月,仅 80.5 毫米,见表 4-5-1。1997—2008 年大型蒸发器录得的年平均蒸发量为 1012.0 毫米,最大月为 7 月,达 109.8 毫米,最小月为 2 月,仅 52.3 毫米,不足 7 月份的一半,见表 4-5-2。

表 4-5-1　1957—2001 年佛冈县各月平均、最大、最小蒸发量表(小型蒸发器)　(单位:毫米)

月份	1 月	2 月	3 月	4 月	5 月	6 月	7 月	8 月	9 月	10 月	11 月	12 月
月平均	99.4	80.5	91.6	104.4	131.8	147.9	194.2	184.8	177.7	175.3	144.4	120.0
最大	158.9	145.9	164.9	148.2	239.1	222.1	244.6	233.9	251.2	239.9	204.6	165.8
年份	1963	1960	1977	1977	1963	1967	1964	1990	1966	1992	1977	1980
最小	55.1	49.9	46.5	73.1	101.9	107.4	129.9	139.1	118.5	125.1	87.4	75.5
年份	1989	1998	1970	1993	1960	1974	1997	1994	1961	1975	1987	1997

表 4-5-2　1997—2008 年佛冈县各月平均蒸发量表(大型蒸发器)　(单位:毫米)

月份	1 月	2 月	3 月	4 月	5 月	6 月	7 月	8 月	9 月	10 月	11 月	12 月
月平均	67.2	52.3	55.7	60.0	78.7	78.5	109.8	106.4	110.1	112.0	98.5	82.8

第六节　风

空气水平运动产生的气流称为风。其中风向是指风的来向,风速是指单位时间内空气移动的水平距离。

一、风向

佛冈县风向有明显的季节转换,冬季主要吹东到东北风,也叫冬季风。夏季主要吹西南风,也称西南季风或夏季风。风的季节转换迟早,直接影响该年降水量的多寡和分布。

各月最多风向及其频率,年际间差异较大。月某风向频率是月内该风向的出现次数占全月各风向(包括静风)记录总次数的百分比,即月某风向频率＝该风向出现次数的月合计/全月各风向记录总次数×100%。佛冈县各月盛行风向及频率见表 4-6-1。

表 4-6-1　佛冈县各月盛行风向及频率表

月份	1 月	2 月	3 月	4 月	5 月	6 月	7 月	8 月	9 月	10 月	11 月	12 月
最多风向	C	C	C	C	C	C	C	C	C	C	E	C
频率(%)	24	24	28	30	30	31	32	34	31	26	24	25
次多风向	E	E	E	E	E	E	SW	E	E	E	C	E
频率(%)	19	19	15	12	11	8	13	10	18	22	23	22

二、风速

佛冈县年平均风速为 1.8 米/秒，年平均风速最大值为 1957 年和 1977 年的 2.2 米/秒，最小值出现在 2008 年，为 1.4 米/秒。风速的季节性变化明显，月平均风速最大出现在 11 月至次年 2 月，月平均风速为 2.2 米/秒；最小出现在 8 月，月平均风速为 1.3 米/秒，见表 4-6-2。

表 4-6-2　佛冈县各月平均风速表　　　　　　　　（单位：米/秒）

月份	1 月	2 月	3 月	4 月	5 月	6 月	7 月	8 月	9 月	10 月	11 月	12 月
平均风速	2.2	2.2	1.9	1.7	1.6	1.5	1.5	1.3	1.6	1.9	2.2	2.2

最大风速是指某个时段 10 分钟的平均风速的最大值。佛冈最大风速为 15.3 米/秒，出现在 1975 年 4 月 7 日，各月最大风速除 2 月和 12 月小于 10 米/秒之外，其余各月都大于 10 米/秒，见表 4-6-3。

表 4-6-3　1971—2008 年佛冈县历年各月最大风速、风向及出现日期表

月份	1 月	2 月	3 月	4 月	5 月	6 月	7 月	8 月	9 月	10 月	11 月	12 月	全年
最大风速（米/秒）	12.0	9.7	11.3	15.3	12.0（共 6 次）	12.7	12.0	14.3	11.7	13.0	14.7	9.0	15.3
风向	NW	NW	WNW	S	—	SSW	WSW	NNE	NW	SSW	S	WNW	S
日期	15	2	4	7	—	22	16	2	24	6	9	23	4 月 7 日
年份	1978	1983	1980	1975	—	1977	1978	1979	1983	1975	1972	1979	1975

极大风速是指某个时段内出现的最大瞬时风速值，瞬时风速是指 3 秒钟的平均风速。佛冈县历年极大风速为 27.8 米/秒（10 级），出现在 2005 年 3 月 22 日。极大风速大于或等于 17.0 米/秒的大风，年均 1.6 天。大风天气不是每年都会出现，最多年份是 1966 年，达到 8 天。

第七节　气压

气压是作用在单位面积上的大气压力，以百帕为单位。

一、气压的月变化

佛冈县平均气压 1005.6 百帕，呈夏季低、冬季高的分布特点。7、8 月的平均气压都是 997.3 百帕，是全年最低的。月平均气压最高 1013.8 百帕，出现在 12 月，见表 4-7-1。

表 4-7-1 1980—2008 年佛冈县历年各月平均气压 (单位:百帕)

月份	平均气压	极端最低气压	极端最高气压
1	1013.6	994.9	1028.1
2	1011.8	997.0	1027.2
3	1008.6	993.5	1027.0
4	1005.1	992.1	1021.7
5	1001.2	989.1	1014.8
6	998.0	981.5	1009.0
7	997.3	981.1	1006.6
8	997.3	977.6	1007.1
9	1001.6	986.4	1012.4
10	1007.4	993.3	1022.1
11	1011.4	998.5	1026.5
12	1013.8	1001.6	1027.6
年值	1005.6	977.6	1028.1

二、气压的日变化

受气温的 24 小时周期变化等影响,一般情况下一天气压有 2 个高值和 2 个低值。高值出现在 08—10 时,次高出现在 22—24 时。低值出现在 13—17 时,次低出现在 02—04 时。遇有冷空气、台风等天气影响时,气压没有明显的日变化。历年极端最低气压 997.6 百帕,出现在 1997 年 8 月 3 日。极端最高气压 1028.1 百帕,出现在 1983 年 1 月 22 日。

第八节 主要气候要素平均值和极值

根据佛冈县气象站 1957—2008 年的观测资料,将佛冈县历年主要气候要素的平均值及极值,进行统计分析,整理成表 4-8-1。

表 4-8-1 1957—2008 年佛冈县主要气候要素平均值、极值表

要素名称		平均值	极值		出现时间
日照	年日照时数	1710.9 小时	最多	2181.7 小时	1963 年
			最少	1386.9 小时	1961 年
	月日照时数	142.6 小时	最多	301.2 小时	2003 年 7 月
			最少	7.0 小时	1984 年 4 月
	年日照百分率	39%	最大	49%	1963 年
			最小	31%	1961 年
	月日照百分率		最大	82%	1958 年 11 月
			最小	2%	1984 年 4 月

续表

要素名称		平均值	极值		出现时间
气温	年平均气温	20.9℃	最高	21.9℃	1998 年
			最低	20.1℃	1984 年
	月平均气温		最高	30.0℃	2003 年 7 月
			最低	8.3℃	1977 年 1 月
	极端气温		最高	39.8℃	2003 年 7 月 23 日
			最低	−4.2℃	1963 年 1 月 16 日
	年高温日数	13.2 天	最多	33 天	2003 年
			最少	1 天	1973 年
	年低温日数	16.3 天	最多	35 天	1976 年
			最少	1 天	2001 年
霜	年霜日	3.0 天	最多	17 天	1962 年
			最少	0 天	共 15 年
降水量	年降水量	2172.4 毫米	最多	3519.5 毫米	1983 年
			最少	1183.8 毫米	1991 年
	前汛期雨量	1105.5 毫米	最多	1631.2 毫米	1993 年
			最少	436.1 毫米	1991 年
	后汛期雨量	611.8 毫米	最多	1401.2 毫米	1961 年
			最少	251.1 毫米	2005 年
	月平均雨量	181.0 毫米	最多	423.3 毫米	6 月
			最少	40.0 毫米	12 月
	极端月雨量		最大	1039.0 毫米	1968 年 6 月
			最小	无雨	1999 年 2 月 1979 年 10 月 2004 年 10 月
	日雨量		最大	294.9 毫米	1988 年 5 月 25 日
	年降水日数	165.6 天	最多	216 天	1975 年
			最少	133 天	2003 年
	年暴雨日数	9.7 天	最多	22 天	1983 年
			最少	1 天	1991 年
相对湿度	年平均相对湿度	78％	最大	81％	1975 年
			最小	72％	2005 年
	极端最小相对湿度			8％	1984 年 3 月 2 日
水汽压	年平均水汽压	20.6 百帕	最大	21.6 百帕	1998 年
			最小	19.7 百帕	1992 年
	极端水汽压		最大	39.0 百帕	1978 年 8 月 17 日
			最小	1.0 百帕	1967 年 1 月 16 日
蒸发	年蒸发量(小型)	1652.0 毫米	最大	1982.9 毫米	1963 年
			最小	1383.9 毫米	1997 年
	月平均蒸发量		最大	194.2 毫米	7 月
			最小	80.5 毫米	2 月

续表

要素名称		平均值	极值		出现时间
风速	年平均风速	1.8 米/秒	最大	2.2 米/秒	1957 年和 1977 年
			最小	1.4 米/秒	2008 年
	月平均风速		最大	2.2 米/秒	1、2、11 和 12 月
			最小	1.3 米/秒	8 月
	瞬间极大风速		最大	27.8 米/秒	2005 年 3 月 22 日
	年大风日数	1.7 天	最多	8 天	1966 年
			最少	0 天	
气压	年平均气压	1005.6 百帕	最高	1006.6 百帕	1993 年
			最低	1004.2 百帕	1961 年
	极端气压		最高	1028.1 百帕	1983 年 1 月 22 日
			最低	997.6 百帕	1997 年 8 月 3 日
雷暴	年雷暴日数	85.3 天	最多	121 天	1973 年
			最少	54 天	2003 年
	初雷出现时间		最早	1 月 1 日	1964 年
			最晚	4 月 7 日	1974 年
	终雷出现时间		最早	9 月 9 日	1967 年
			最晚	12 月 30 日	1992 年
雾	年雾日	13.6 天	最多	27 天	1971、1972 年
			最少	4 天	2007、2008 年

第三篇　气象灾害

第五章　常见气象灾害

第一节　暴雨

一、基本概况

日降水量大于或等于 50.0 毫米称为暴雨。佛冈县年平均暴雨降水量达 789.2 毫米，占全年平均降水量的 36%。最多的年份为 1935.9 毫米，最少的年份为 58.3 毫米。佛冈县的汛期分为两个阶段，4—6 月称为前汛期，主要由西风带系统的锋面活动或低空急流影响而造成暴雨。7—9 月称为后汛期，主要由热带天气系统造成暴雨。台风对佛冈的影响，主要是其伴随的强降雨造成的洪涝灾害。有气象记录以来，佛冈县共发生 19 次较严重的洪涝灾害。

二、暴雨日数的月分布

1957—2008 年，佛冈县共出现暴雨日数 503 天，年平均暴雨日数为 9.7 天，其中最多年暴雨日数出现在 1983 年，高达 22 天，最少出现在 1991 年，只有 1 天，见图 5-1-1。

佛冈县全年各月都可能出现暴雨，最多出现在 6 月，平均暴雨日数为 2.5 天。5 月次之，平均为 2.4 天，其后依次为 4、7、8 月；大暴雨（日降水量在 100.0～249.9 毫米）最多出现在 6 月和 5 月，其后依次为 4、8、7 月；特大暴雨（日降水量≥250.0 毫米）共出现 4 次，其中 5 月 2 次，6、7 月各 1 次。

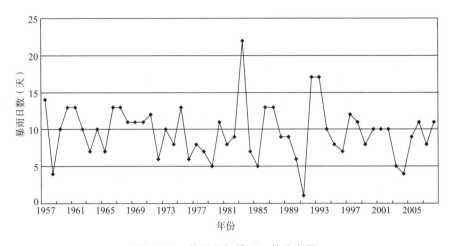

图 5-1-1　佛冈县年暴雨日数分布图

三、暴雨的初终日期

佛冈县暴雨平均初日为 4 月 5 日,但年际差异较大,最早暴雨初日出现在 1992 年 1 月 4 日,而最晚暴雨初日出现在 1991 年 8 月 11 日;暴雨平均终日为 9 月 15 日,最早暴雨终日出现在 1972 年 6 月 14 日,最晚暴雨终日出现在 1988 年 12 月 30 日。

佛冈县暴雨情况统计详见表 5-1-1。

表 5-1-1 佛冈县暴雨情况统计表

统计项目	统计数值	极值出现年份
年平均暴雨日	9.7 天	
年最多暴雨日	22 天	1983 年
年最少暴雨日	1 天	1991 年
暴雨出现最多的月份	6 月(平均 2.5 天)	
暴雨最早出现日期	1 月 4 日	1992 年
暴雨最晚结束日期	12 月 30 日	1988 年

四、暴雨的地区分布

佛冈县为暴雨多发区,是广东省三个暴雨中心之一。佛冈北部有海拔 1218.8 米的观音山,呈向西南开的喇叭口地形。每年 4—6 月盛行偏西南气流,因地形作用,迫使暖湿的偏西南气流抬升,使降水得到增强。整个佛冈县都处于清远—佛冈—龙门暴雨带中,各镇都有暴雨发生。

五、暴雨强度

佛冈县日最大降水量出现在 1988 年 5 月 25 日,日降水量为 294.9 毫米。最大整点小时降水量出现在 1970 年 6 月 3 日 03—04 时,达到 124.3 毫米,同时,该时段还记录到佛冈县历史最大 10 分钟降水量为 39.8 毫米。

六、暴雨引发的地质灾害

佛冈县地处低山丘陵地区,地形相对高差较大,地质构造复杂。区内在公路建设、切坡建房等人类工程活动与暴雨的影响下,地质灾害时有发生。

佛冈县主要地质灾害类型为滑坡和崩塌,其次为地面塌陷和泥石流。国土部门2005年5月—2006年4月野外调查资料统计,对人民群众生命财产造成损失、需重点防范的各类地质灾害点有292处,其中,滑坡142处,崩塌145处,地面塌陷3处,泥石流1处,间歇溢水带1处。

一、滑坡 主要分布在佛冈的北部、东部和西部,全区有不同规模滑坡点142处,占全区总地质灾害点48.63%。

二、崩塌 主要分布在佛冈的北部、东部、西部地区,全区有不同规模崩塌点145处,占总地质灾害点49.66%。

第二节 干旱

一、干旱的标准

干旱通常有两种含义:一是干旱气候,二是干旱灾害。干旱气候是指最大可能蒸发量比降水量大得多而导致长期处于不平衡的缺水状态的一种气候现象。干旱气候与干旱灾害之间的关系是,干旱灾害不仅在干旱气候、半干旱气候区有,在湿润、半湿润区也有。在干旱、半干旱区,由于降水量的年际变化特别大,降水显著偏少的年份较多,干旱灾害发生的频率较高。而在湿润、半湿润区则干旱气候发生较少。

农业上常采用两场透雨之间的连旱日数(无透雨时段)来评定旱情。所谓"透雨"是指一场雨(某日或连续数日)累积降水量能够基本满足作物的需水要求。冬、春季由于气温较低、蒸发较小,透雨标准为不小于20毫米;夏、秋季由于气温较高、蒸发较大,透雨标准为不小于40毫米。

虽然佛冈县雨量充沛、雨季时间长,但受季风气候影响,各个季节均有可能出现干旱,旱季有经常性的干旱,雨季有间歇性干旱。对农业生产来说,危害较大的是秋旱,按照影响程度,秋旱最为严重,特别是秋冬连旱甚至秋冬春连旱。

二、干旱的特征

各类干旱中时间最长的是秋冬连旱,年平均连旱日数为47天。从每年发生的几率来看,秋冬连旱发生的可能性最大,为58%,秋旱和冬旱次之,均为44%,见表5-2-1。

表5-2-1　佛冈县各类旱情持续天数和发生几率表

干旱类型	年平均天数	最长天数	最短天数	年发生几率
春旱	8	54	26	21%
冬春连旱	25	115	25	40%
秋冬春连旱	15	177	131	10%

干旱类型	年平均天数	最长天数	最短天数	年发生几率
夏旱	5	38	30	13%
秋旱	19	64	30	44%
夏秋连旱	6	54	32	13%
冬旱	18	78	25	44%
秋冬连旱	47	145	30	58%
年	143	177	25	

第三节 寒害

一、寒潮

佛冈县虽处于南亚热带地区，但冬半年来自极地的强冷空气也会影响到佛冈县，造成气温剧烈下降，形成寒潮过程，甚至出现降雪天气。北方冷空气大规模向中、低纬度侵袭并使气温达到一定指标的天气称寒潮。广东省气象局规定，由于受北方冷空气侵袭，致使当地日平均气温在 24 小时内降低 8℃以上（或 48 小时内降低 10℃以上），且最低气温低于或等于 5℃的天气过程称寒潮天气。

影响佛冈县的寒潮出现在 12 月至次年 3 月，其中又较多集中于隆冬的 1 月。1957—2008 年，共出现 29 次寒潮过程，其中 1 月出现 16 次，约占年寒潮活动次数的 55%，2 月 6 次，占 21%，12 月 5 次，占 17%，3 月和 11 月各出现 1 次，约占 7%。佛冈县最早的寒潮出现在 11 月 27 日（1987 年），最晚的出现在 3 月 11 日（2005 年）。

寒潮是冬半年的灾害性天气之一。由于它的出现造成低温霜冻和大风天气，给农业生产带来极不利的影响。伴随寒潮出现的低温霜冻可冻死耕牛、越冬作物（例如马铃薯、木瓜、巴蕉）、经济果木（例如石硖龙眼）等。

二、低温霜冻

低温是指日极端最低气温低于或等于 5℃的天气。佛冈县低温天气出现时段为每年的 11 月到次年 3 月，最早出现在 11 月 19 日，最迟出现在 3 月 20 日，见表 5-3-1；1957—2008 年，共出现低温天气 850 天，年平均为 16.3 天。每年的低温日数分布见图 5-3-1。

表 5-3-1 佛冈县低温天气统计表

统计项目	统计数值	极值出现年份
年平均低温日数	16.3 天	
极端最低气温	−4.2℃	1963 年
最早低温日	11 月 19 日	1971 年、1983 年
最迟低温日	3 月 20 日	1976 年

霜是地面温度达到 0℃或以下、无风或微风时，水汽在地面或近地面物体上凝华而成的白色松脆的冰晶。霜出现时对农作物会产生冻害，故称霜冻。佛冈县霜冻天气出现时段

为每年的 11 月到次年的 3 月,1957—2008 年,共出现霜冻天气 159 天,年平均为 3.1 天。其中,1999—2008 年,霜冻天气仅出现 8 天,年平均为 0.8 天。霜冻天气最早出现在 11 月 26 日,最迟出现在 3 月 4 日。在出现霜冻的日数中,有 48 天同时出现结冰天气。

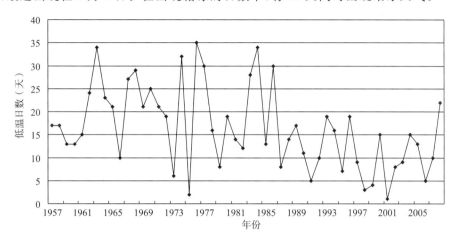

图 5-3-1　1957—2008 年佛冈县年低温日数分布图

1957—2008 年,佛冈县共出现 65 天结冰天气,主要出现在 12 月至次年 1 月。其中 12 月为 24 次,1 月为 35 次,2 月为 6 次。结冰天气最早出现在 12 月 1 日,最迟出现在 2 月 26 日。

三、低温阴雨

气象上表征低温阴雨天气有两条标准:一是日平均气温连续 3 天或以上低于或等于 12℃;二是日平均气温连续 7 天或以上低于或等于 15℃,且每天日照时数小于或等于 2 小时。凡在 2 月 21 日(可上跨至 2 月 1 日)至 4 月 30 日期间,出现的天气过程符合上述之一者,即统计为一次低温阴雨天气过程。低温阴雨是佛冈县春季的主要灾害性天气,主要不利早稻播种,2 月下旬至 3 月上旬是佛冈县早稻的播种期,遇上较长时间的低温阴雨,常造成烂种烂秧现象,导致贻误农时。佛冈县低温阴雨灾害频繁发生,1957—2008 年,佛冈县出现 129 次低温阴雨天气过程,共计 786 天,年平均 2.5 次、15.1 天。其中 1973 年和 1991 年无低温阴雨天气过程出现,占总年数 4%。最长一次低温阴雨天气过程持续 26 天,出现在 1968 年 2 月 1—26 日。佛冈县 80% 的低温阴雨天气过程出现在 2 月,最迟的低温阴雨天气过程出现在 1985 年 3 月 30 日—4 月 1 日。

凡于 3 月 21 日(含 21 日)以后出现的低温阴雨天气称为“倒春寒”天气。佛冈县的“倒春寒”天气出现概率很小,1957—2008 年,只出现过 8 次,分别是 1976 年 3 月 21—24 日、1978 年 3 月 22—24 日、1982 年 3 月 25—28 日、1985 年 3 月 30—4 月 1 日、1988 年 3 月 22—24 日、1992 年 3 月 26—28 日、1998 年 3 月 21—23 日、1999 年 3 月 21—23 日。

四、寒露风

寒露风是寒露节气前后,因温度低而影响晚稻抽穗扬花,进而影响结实率的灾害性天气。其具体的定义是:9 月 20 日至 10 月 20 日期间,日平均气温低于或等于 23℃,持续时间大于或等于 3 天的天气过程。

佛冈县每年平均出现 1.3 次寒露风天气过程,一年之内最多可出现 4 次(1957、1986年)。在某些年份则没有出现寒露风过程,共有 8 年,占总年数 15%。一次寒露风天气过程的平均天数为 6 天,过程最长持续天数为 17 天(1979 年),过程最低气温 9.5℃(1965 年),最早出现寒露风的日期为 10 月 5 日。

一般认为,寒露风持续 3~5 天对晚稻有轻度的危害,6~9 天有中等程度的危害,10 天以上危害较重。1957—2008 年佛冈县出现的寒露风天气过程见表 5-3-2。

表 5-3-2　1957—2008 年佛冈县出现寒露风天气过程记录表

年份	寒露风天气过程出现日期	持续天数	影响等级	年份	寒露风天气过程出现日期	持续天数	影响等级
1957	9.25—9.27	3	轻	1978	10.15—10.20	6	中
	9.30—10.3	4	轻	1979	9.28—10.1	4	轻
	10.6—10.12	7	中		10.4—10.20	17	重
	10.16—10.20	5	轻	1981	10.9—10.12	4	轻
1958	10.2—10.6	5	轻	1982	10.8—10.12	5	轻
	10.16—10.19	4	轻	1984	10.5—10.7	3	轻
1959	9.27—9.30	4	轻		10.17—10.20	4	轻
	10.4—10.11	8	中	1985	10.2—10.6	5	轻
	10.16—10.20	5	轻	1986	9.21—924	4	轻
1960	10.6—10.8	3	轻		10.1—10.4	4	轻
	10.17—10.20	4	轻		10.7—10.9	3	轻
1961	10.11—10.16	6	中		10.13—10.16	4	轻
1962	10.14—10.18	5	轻	1987	10.18—10.20	3	轻
1963	10.5—10.7	3	轻	1989	10.17—10.20	4	轻
	10.11—10.13	3	轻	1990	10.7—10.13	7	中
	10.16—10.20	5	轻	1991	10.7—10.12	6	中
1964	10.7—10.9	3	轻	1992	10.5—10.20	16	重
1965	10.15—10.20	6	中	1993	10.1—10.14	14	重
1966	9.25—9.28	4	轻		10.18—10.20	3	轻
	10.14—10.16	3	轻	1994	10.5—10.7	3	轻
1967	9.22—9.24	3	轻	1995	9.22—9.24	3	轻
	10.1—10.11	11	重		10.5—10.8	4	轻
	10.16—10.20	5	轻	1996	10.7—10.12	6	中
1968	9.30—10.2	3	轻	1997	9.20—9.22	3	轻
	10.17—10.20	4	轻		9.26—9.29	4	轻
1969	10.3—10.15	13	重	1999	10.17—10.19	3	轻
1970	9.29—10.6	8	中	2000	10.13—10.20	8	中
	10.17—10.20	4	轻	2001	10.9—10.11	3	轻
1971	10.12—10.20	9	中	2002	9.28—10.1	4	轻
1972	10.3—10.8	6	中	2002	10.6—10.11	6	中
1973	10.8—10.19	12	重	2003	10.6—10.8	3	轻
1975	10.14—10.20	7	中		10.13—10.20	8	中
1976	9.27—9.30	4	轻	2004	10.2—10.17	16	重
	10.13—10.20	8	中	2007	10.15—10.20	6	中
1977	10.7—10.14	8	中				

第四节　强对流天气

强对流是指出现短时强降水、雷雨大风、龙卷风、冰雹和飑线等现象的灾害性天气。一般历时短、天气剧烈、破坏力强而影响范围相对较小。影响佛冈县的强对流天气主要是雷雨大风、冰雹、飑线。

一、雷雨大风

雷雨大风，指在出现雷、雨天气现象时，风力达到或超过 8 级的天气现象。佛冈年平均出现雷雨大风 1.5 次，最多年份出现 8 次，为 1966 年，最少为没有出现雷雨大风。1957—2008 年佛冈县各月出现雷雨大风情况见表 5-4-1。

表 5-4-1　1957—2008 年佛冈县各月雷雨大风统计表　　　　（单位：次）

月份	1 月	2 月	3 月	4 月	5 月	6 月	7 月	8 月	9 月	10 月	11 月	12 月
总次数	1	1	3	9	7	16	16	10	1	0	0	0

二、龙卷风

雷雨云的云底伸展出来并到地面，形成漏斗状云，称作龙卷。龙卷伸到地面时会引起强烈的旋风，这种旋风称为龙卷风，具有极大的破坏力。龙卷风的范围并不大，水平范围仅几十米到十几千米。生命也很短促，往往只有几分钟到 10 多分钟，个别情况可长达 1 个小时。龙卷风是旋转风，其造成的破坏带有明显的螺旋特征，这是龙卷风与一般的雷雨大风的最大区别。

佛冈县出现的龙卷风并不多见，但其破坏性却十分明显。如 1983 年 5 月 14 日，全县普降暴雨，局部大暴雨，部分地区还出现龙卷风和冰雹。全县受浸水稻 2.54 万亩，失收 2436 亩，半失收 3860 亩。全县 80 个大队、1185 个生产队受灾，其中，16 个大队、96 个生产队、24 所学校重灾。倒塌房屋 471 间，冲毁公路桥梁、水利工程等一批，直接经济损失 200 多万元。全县死亡 2 人，受伤 4 人。

三、冰雹

冰雹是发展极其旺盛的雷雨云所产生的固体降水。通常，其大小如黄豆粒，直径 10～20 毫米。个别情况，冰雹较大，直径可达 70 毫米左右。

1957—2008 年，佛冈县地面气象观测站仅有 13 次冰雹记录，其中 1983 年出现 2 次，1957、1963、1966、1978、1981、1984、1987、1989、1990、1992、2004 年各 1 次。13 次冰雹天气全部出现在春季，即 3—5 月份，其中 3 月出现 3 次，4 月份出现 8 次，5 月出现 2 次。

四、雷电

雷电是积雨云中、云间或云地之间发生放电，产生雷声的天气现象，它常伴有大风、暴雨、冰雹甚至龙卷，是严重的气象灾害之一。

（一）基本概况

1957—2008年佛冈县雷暴日总数为4436天,年平均雷暴日数为85.3天,按照我国的标准,佛冈县属于雷暴多发区。佛冈县雷暴日数年际差异较大,最多年为121天,而最少年为54天,见图5-4-1。

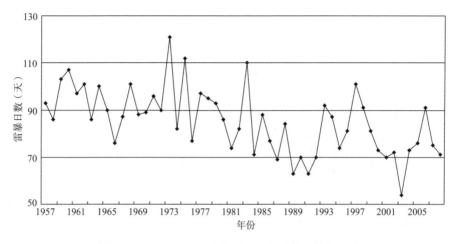

图5-4-1 1957—2008年佛冈县历年雷暴日数分布图

（二）时间分布

佛冈县全年各月均有可能出现雷暴,但主要集中在4—9月,累计平均雷暴日数为75.9天,约占全年雷暴总日数的89％。11月到次年1月出现次数最少,52年中仅出现38天,年均雷暴日数不到1天。6、7、8月雷暴日数最多,各月的年均雷暴日数都超过15天,见图5-4-2。佛冈县平均初雷日为2月24日,最早初雷日为1月1日,最晚初雷日为4月7日;平均终雷日为10月16日,最早终雷日为9月9日,最晚终雷日为12月30日。

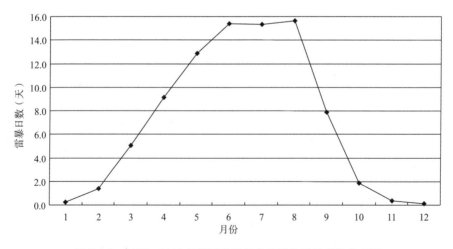

图5-4-2 1957—2008年佛冈县累年各月平均雷暴日数分布图

(三)佛冈县雷电灾害特征

佛冈县的建筑物以中低层为主,县城及大型旅游区、别墅区的雷电防护措施落实比较到位,鲜有雷击事件发生,近年来城区没有发生过雷击伤亡事故。在农村地区,防雷措施不足、不科学,野外劳动多,雷击伤亡事故时有发生。

由于佛冈县城市现代化、网络化、信息化建设进程加快,办公自动化和家庭电气化的广泛应用,雷电感应和雷击电磁脉冲产生的二次雷击使得大量微电子设备遭受损失日趋严重。

强弱电综合布线设计未全面考虑防雷措施,施工时未严格按照相关技术规范进行,造成防雷的先天不足,雷电波沿线路侵入而损坏电子电气设备现象较为普遍。

防雷产品民用化程度不够,民用设备、电器的防雷措施欠缺,安装使用规范不健全等因素,也是造成雷击隐患存在的原因。

五、飑线

飑是指突然发生的风向突变、风力突增的强风现象。飑线是指风向和风力发生剧烈变动的天气变化带,由多个雷暴单体排列成带状的狭窄云带,宽度 0.5 千米到几十千米,长度为几十千米至几百千米,维持时间为 4～18 小时。飑线过境时风向急转,风速剧增,气压陡升,气温骤降,常伴有雷暴、暴雨、大风、冰雹和龙卷等剧烈天气现象。飑线具有突发性强、破坏力大、不可抗拒等特点,多发生在春季。

第五节　热带气旋

热带气旋是发生在热带海洋上的强烈天气系统,在北半球热带气旋中的气流绕中心呈逆时针方向旋转,在南半球则相反。由于佛冈县离海岸线较远,热带气旋到达佛冈县时风力已经明显减弱。但是其减弱成的低气压带来的大量降水,却可能给佛冈县带来洪涝灾害。

一、热带气旋等级划分标准

热带气旋按其中心附近最大风力大小进行划分,可分为热带低压、热带风暴、强热带风暴、台风、强台风和超强台风等 6 个等级,具体标准见表 5-5-1。

表 5-5-1　热带气旋等级划分标准表

热带气旋名称	英文简写	中心附近最大风力	
		级	米/秒
热带低压	TD	6～7	10.8～17.1
热带风暴	TS	8～9	17.2～24.4
强热带风暴	STS	10～11	24.5～32.6
台风	TY	12～13	32.7～41.4
强台风	STY	14～15	41.5～50.9
超强台风	SuperTY	≥16	≥51.0

二、热带气旋的影响

热带气旋影响的大小是以出现风力和降水量来划分,分为一般影响和严重影响两种。一般影响是指受热带气旋影响,本地平均风力6～7级,或24小时降水量≥40.0毫米。严重影响是指受热带气旋影响,平均风力≥8级;或平均风力6～7级、24小时降水量≥80.0毫米;或24小时降水量≥150.0毫米。影响佛冈的热带气旋情况见表5-5-2。

表5-5-2　热带气旋影响佛冈数量情况表

年代	20世纪60年代			20世纪70年代			20世纪80年代			20世纪90年代			2000—2008年		
项目	平均个数	无影响年数	年最多个数	平均个数	无影响年数	年最多个数	平均个数	无影响年数	年最多个数	平均个数	无影响年数	年最多个数	平均个数	无影响年数	年最多个数
数量	1.8	3	6	1.2	0	2	1	2	2	1.3	3	3	0.9	4	3

第六节　高温

高温天气是指日最高气温高于或等于35℃的天气。高温造成的危害,往往与干旱同时出现。佛冈县每年都有高温天气出现,1957—2008年,高温天气共出现691天,年平均为13.3天。年最多高温日数为33天,出现在2003年;年最少高温日数为1天,出现在1973年。最早高温日出现在1964年5月20日,最迟出现在1980年10月11日,见表5-6-1。每年的高温日数分布见图5-6-1。

表5-6-1　佛冈县高温天气统计表

统计项目	统计数值	极值出现年份
年平均高温日数	13.3天	
年最多高温日数	33天	2003年
极端最高气温	39.8℃	2003年
最早高温日	5月20日	1964年
最迟高温日	10月11日	1980年

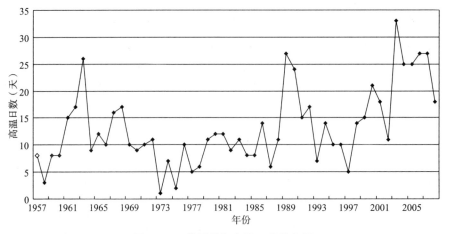

图5-6-1　佛冈县年高温日数分布图

一、高温天气的月分布

佛冈县高温天气均出现在5—10月,主要集中在7—9月,1957—2008年共出现高温日数604天,占总日数的87%。

二、连续高温天气过程

连续3天以上的高温天气称为一个高温天气过程,其中持续3～5天为短过程,6～9天为中过程,10天以上为长过程。1957—2008年,佛冈县共出现高温天气过程78次,其中短过程69次,中过程8次(1962年、1963年、1981年、1989年、1992年、2003年、2004年、2005年各出现1次),长过程1次,持续时间15天,出现在2007年7月22日—8月5日。另外,有13年没有出现高温过程,分别是1958年、1959年、1964年、1966年、1969年、1971年、1973年、1975年、1977年、1978年、1984年、1996年、1997年。

第六章　气象灾害年表

第一节　暴雨洪涝

宋庆元五年(1199年),水灾。

元至元十二年(1275年)秋八月,大水。

明正统元年(1436年)秋七月,霪雨伤稼。

明成化十九年(1483年)秋九月,大水,江涨,七乡溪流无所泄,淹没禾田,漂没民舍。

明成化二十一年(1485年)夏五月,大水。

明正德十五年(1520年)夏四月,大水。

明嘉靖十四年(1535年)夏五月,大水,山崩川溢,多坏民舍,斗米价银七分。

清康熙四十三年(1704年)夏,水灾。

清乾隆十六年(1751年)夏,大雨,山洪骤涨,柯木冈塌房舍无数。

清嘉庆五年(1800年)春三月,阴雨为涝。

清道光五年(1825年)夏五月,大风雨,南城高一丈三尺左垣坍塌十二丈余,并牵连坍下雉堞十垛。

清道光十七年(1837年)春三月,淫雨。夏四月,山潦陡涨,吉河水口宣泄不及,各堡田庐间被淹浸坍塌。

清同治五年(1866年)三月二十五日,潖江大雨,平地水深一丈。

清光绪六年(1880年)四月二十二日,佛冈厅城西北角崩30余丈。二十六日水大涨,吉河旁基崩,冲毁田地无数。五月十六日吉河复涨,又冲毁田地、民房。

清光绪十二年(1886年)三月,大雨,北江涨,潖江尤甚。

民国二年(1913年)4月,潖江大水。

民国四年(1915年),大水(称广东乙卯水灾),龙山凤洲水位22.51米。潖江塌屋10330间,田禾失收6750亩,灾民4万余,上下岳村塌屋838间。

民国二十三年(1934年)6月21日夜10时许,潖江地区连绵大雨,至22日上午11时正。是日下午4时潦水忽涨,龙山市一带河水涨丈余,龙山市之马路俨成河道,以艇往来。

1953年6月3—5日,佛冈县降暴雨,北江横石水文站测得日降水量为256.6毫米,连续3天降水量为346.6毫米,全县水稻受浸面积2.50万亩,石角镇科旺等10个村庄被淹没,汤塘、龙山、民安等受浸村庄53个。

1962年5月25日,佛冈县降水量为106.5毫米,过程降水量(5月24—31日)为244.1毫米。大庙峡水位50.35米,由于受北江洪水顶托倒灌10天,河田站水位20.5米,相当于二十年一遇的水位,凤洲崩塌一处。洪灾面积3.94万亩,涝灾5.2万亩,成灾2.26万亩,失收 1.22 万亩。

6 月 20 日,龙南坝仔雨量站日降水量为 220.6 毫米,连续 3 天降水量为 485.1 毫米。大庙峡水文站最高水位 50.35 米,洪峰流量 1200 立方米/秒。龙山公社遭受北江洪水顶托,持续 10 天。河田站水位 20.5 米(相当于二十年一遇水位),凤州堤段崩决。全县受灾面积 9.14 万亩,其中洪灾 3.94 万亩,涝灾 5.2 万亩,成灾 2.26 万亩。

1964 年 6 月 15 日,暴雨成灾,县城日降水量为 225.8 毫米,暴雨中心在高岗、烟岭、龙南等公社。16 日龙山河田水闸最高水位 21.5 米,堤围漫顶 0.6 米。全县大小堤围被洪水冲决 108 处,冲坏山塘 48 口,损坏水利工程一批。烟岭公社堤围缺口 2200 米,龙山公社凤洲堤缺口 144 米。全县有 53 个大队受灾,倒塌房屋 537 间,淹死 1 人,伤 20 人,受灾农田面积 4.8 万亩,占早造实插面积 30%,其中有 1.5 万亩失收。

1965 年 5 月 24 日 20 时至 25 日 5 时,湛江桂田站实测降水量为 288.3 毫米,县气象站日降水量为 263.9 毫米,龙南坝仔站日降水量为 246.8 毫米。暴雨中心在水头、石角两公社,大庙峡水文站水位 51.1 米,洪峰流量 1610 立方米/秒(洪水频率为二十年一遇),凤州站水位 22.29 米,全县受浸水稻面积 4.07 万亩,成灾 1.98 万亩,其中龙山 0.8 万亩,冲坏水利工程有小塘坝 11 宗,小陂头 698 处,大小河堤决口 45 处,总长 1850 米,倒塌房屋 64 间。25 日早晨,佛冈县城车站淹浸水深 l.0 米。在县领导带动下,职工、干部、学生、居民等 1500 多人抢救物资。龙山车步堤险段 3 处洪水漫顶,凤洲堤九嫲陂等险段 9 处出险,共出动抢险群众 800 多人,用草包 1500 个,将 150 米险段加高培厚,查渗堵洞,终于化险为夷。

1968 年 6 月 19 日,大庙峡水文站日降水量为 281 毫米。8 时 30 分大庙峡水文站最高水位 49.54 米,洪峰流量 1270 立方米/秒;11 时,凤洲水位 22.14 米,河田排站水闸,受北江水位顶托,最高水位 20.6 米,持续 6 天。龙山六大堤围出现险段 45 处,合计长度 128l 米。凤洲堤局部险段被洪水浸过堤顶,决口 2 处,长 200 米,有 7 个大队,51 个村庄,1386 户,6638 人受围,倒塌房屋 415 间,死亡 5 人,受淹水稻 9903 亩,失收面积 3844 亩。民安下岳堤被洪水浸过堤顶,决口 2 处,长 154 米,受浸水稻 1800 亩。据 6 月 25 日统计,全县洪涝面积 4.14 万亩,成灾 2.14 万亩,倒塌房屋 450 间,死亡 5 人,伤 12 人。

1975 年 5 月 18 日,高岗路下水库测得日降水量为 408.9 毫米,零时 50 分至 8 时止,7 小时降水量为 367 毫米,1 小时最大降水量达 110 毫米;16—18 日 3 天降水量为 602.9 毫米。佛冈县气象站测得 5 月 18—21 日 4 天总降水量为 310.8 毫米,其中 5 月 20 日降水量为 114 毫米,21 日为 104 毫米。暴雨集中在高岗、烟岭、迳头 3 个公社,暴发五十年一遇的大洪水。高岗路下水库溢洪水深 2.6 米,超过校核水位 0.6 米。消力池护垣被冲毁,坡末端崩塌 6 米,冲刷坑深 7 米,长 28 米,宽 20 米,溢洪道侧山坡塌方 7000 立方米。这次洪水,高岗、烟岭、迳头受浸村庄 82 个,2800 户,13200 人;倒塌房屋 1384 间,其中住房 209 间;受浸水稻面积 3.56 万亩,成灾面积 1.75 万亩,冲坏水利工程一大批。其中小陂坝 32 宗,水圳 598 处,长 19 千米,冲毁电话线路 2000 米,死亡 5 人(其中路下村因山体滑坡引起房屋倒塌死亡 3 人)。

1977 年 6 月 21 日,佛冈县城降水量为 160.2 毫米,龙山凤州水文站测得日降水量为 219.3 毫米,最高水位 21.85 米;大庙峡水文站最高水位 49.85 米,相应流量 1300 立方米/秒,全县受涝面积 2.37 万亩,成灾面积 0.78 万亩。

1982年5月12日,日降雨量74.2毫米,加上北江水倒灌顶托,龙山、民安受浸8天,凤洲堤河田电排站水位达20.88米,超过二十年一遇的洪水水位,为32年以来最高水位。龙山良塘堤、良塘电排站上侧和大罗州横堤溃决,长共157米。凤州堤在河田鹅厂下及西圳排渠决堤2处,长共342米。民安下岳堤,因排涝需要,人工破堤一处,决口长111米。全县受灾面积2.29亩,其中水稻面积1.8万亩,成灾失收0.92万亩,受浸村庄39个,人口1.25万,被洪水围困的有0.7万人,受浸房屋6994间,其中倒塌888间。

1983年5月14日,全县普降暴雨,局部大暴雨,部分地区还出现龙卷风和冰雹。全县受浸水稻2.54万亩,失收2436亩,半失收3860亩。全县80个大队1185个生产队受灾,重灾有16个大队96个生产队,24所学校,倒塌房屋471间,冲毁公路桥梁、水利工程等一批,直接经济损失200多万元,死亡2人,受伤4人。

6月16—18日,放牛洞水库降水量为262毫米(16—19日县气象站降水量为430.2毫米)。大庙峡水文站最高水位50.96米,洪峰流量1580立方米/秒,相当于二十年一遇的洪水。凤州水文站16日18时水位21.98米。全县12个公社114个大队都遭受到不同程度的损失。洪、涝灾害面积达4.49万亩,成灾面积2.4万亩,其中失收面积1.3万亩。

1986年6月26日,佛冈县出现大暴雨,降水量为133毫米,降雨集中在早上6—8时。降雨范围广、强度大,降雨时间集中。全县农作物受淹面积2.16万亩,损失稻谷产量68万千克,花生1.82万千克,受损鱼塘决78口共475亩,鱼业减产3.875万千克。冲毁山塘1口,堤围8条11处共长885米,陂头水圳43宗。

1987年5月16日,佛冈县出现大暴雨,日降水量为106.9毫米。全县农作物受浸面积1.75万亩,其中水稻1.45万亩,成灾0.38万亩,失收0.12万亩,约减收粮食53万千克,经济作物0.03万亩,损失价值达40万元。

1987年5月20—22日,全县出现暴雨、局部大暴雨,累计降水量达185.9毫米。水稻及经济作物受浸3.37万亩,成灾1.44万亩,损失粮食83.825万千克,倒塌房屋133间,损坏房屋409间,公路10.6公里,桥函15座,广韶公路停车48小时,阻塞车辆300多台,毁坏小(二)型水库两座,山塘6座,冲毁大小水利水电工程592宗,损失总价值147万元。

1988年5月25日,佛冈县出现特大暴雨,日降水量达294.9毫米,降水时间之长,强度之大是历史少有的。佛冈县出现少有的洪峰,造成工农业损失严重。受浸房屋1500间,倒塌2150间,被洪水围困无家可归860户3240人,死亡5人,失踪3人,受伤370多人。公路塌方50多处,其中106国道大庙峡段塌方23处,汤塘段冲毁80多米,土石方15000立方米。电话线路损毁65千米,县城到乡镇电话中断。供电低压线损毁15千米,11个镇供电中断。水利工程损毁550多宗,冲毁堤围6200米,淹没和冲毁电站9座,装机容量4000千瓦。受浸水稻面积4.93万亩,其中失收0.1万亩。冲毁稻田0.65万亩,总成灾面积5.58万亩(含旱地作物),水稻受灾面积占早造插植面积的35%。其他经济作物冲毁0.283万亩,鱼塘过水0.12万亩,冲走、淹死牲畜5100多头,其中耕牛160多头。各项损失折人民币1810万元。

7月20日,受8805号台风影响,出现日降水量达259.7毫米的特大暴雨,1小时最大降水量为143.9毫米,有5个乡镇雨量均在200~240毫米。全县农作物受灾面积4.7万亩,其中水稻4.2万亩,成灾3.3万亩,失收0.25万亩,损失稻谷2500吨。经济作物0.5

万亩,成灾 0.4 万亩,失收 0.2 万亩。受灾人口 12175,死亡 1 人,受伤 26 人。倒塌房屋 110 间,损坏公路桥梁 4 座,折断电话线杆 3 条,损坏仓库粮食 8 吨,损坏山塘 6 宗,崩塌水陂 20 座,涵闸倒塌 2 座,崩决渠道 25 处 7.5 千米。损坏电排站 2 座,水电站 9 座,其它工程 116 宗。以上损失折合人民币 1205 万元,其中农业损失 583 万元,工矿企业损失 304 万元。

1989 年 6 月 19 日,出现大暴雨,日降水量为 118.9 毫米,龙山坝子局部达 283.2 毫米。全县农田受浸 3.92 万亩,成灾 0.8 万亩,受灾人口 0.7 万,倒塌房屋 35 间,损坏桥梁 11 座,损坏公路 115 千米,损坏电话线杆 12 条,损失折合人民币 128 万元。

1992 年 7 月 5 日至 6 日,全县普降暴雨到大暴雨,局部特大暴雨,暴雨中心在北部高岗、烟岭、迳头 3 镇。高岗路下水库从 5 日 18 时至 6 日 22 时,28 小时连续降水量为 462.9 毫米。暴雨导致山洪暴发,江河水库水位急剧上涨,淹没农田村庄,倒塌房屋,冲坏水电工程等。

1993 年 5 月 2 日,出现大暴雨,日降水量达 136.1 毫米。全县受灾人口 4.2 万,损坏房屋 214 间,倒塌 55 间。淹没农田 4.54 万亩(其中水稻 3.63 万亩,成灾 1.79 万亩,失收 0.12 万亩;经济作物 0.91 万亩,成灾 0.35 万亩),鱼塘受灾面积 990 亩。冲毁桥梁 6 座,公路 120 千米,倒塌电话线杆 11 条 8 千米,折断高压电线杆 2 条长 5 千米,低压电线杆 5 条 10 千米。冲毁水利设施 859 宗,其中损坏塘库 4 座,崩塌水陂 479 座,渠道决口 316 处,堤围 7 条。冲走家禽 5000 多只。造成直接经济损失 801 万元。

1993 年 6 月 9 日,出现大暴雨,日降水量达 146.4 毫米。暴雨造成洪水,淹没村庄 41 个,受灾 2.1 万人。损坏房屋 132 间,倒塌 43 间。淹没农田地 2.85 万亩,其中水稻 2.16 万亩,成灾 1.185 万亩,失收、沙盖 0.525 万亩;经济作物 0.075 万亩。鱼塘受淹 270 亩。损坏公路桥梁 3 座,水利工程 291 宗。受灾较重的烟岭、迳头等乡,受淹水稻面积分别占插植面积的 45% 和 16%,冲毁一批水利工程。全县经济损失折合人民币 349 万元。

1994 年 6 月 10—12 日,持续出现强降雨,其中 11 日降水量为 215.0 毫米,12 日为 126.4 毫米。受连续暴雨以及北江洪水顶托倒灌影响,全县 12 个乡镇 54 个管理区受灾。受灾村庄 59 个,人口 7.8 万,被洪水围困 1.1 万人,死亡 2 人,伤 10 人。损坏房屋 8256 间,受灾农作物 6.1 万亩,成灾 3.2 万亩,其中粮食作物受灾 5.1 万亩,成灾 2.5 万亩,失收面积 1.6 万亩。鱼塘漫顶 2595 亩。毁坏水利设施 281 宗,其中 3 条堤围崩决 5 处,长 450 米。冲毁桥梁 5 座,供电、通讯设施一批。直接经济损失折合人民币 6541 万元,其中农业损失 2804 万元,群众房屋、稻谷及财物损失 2172 万元,道路、供电、通讯损失 725 万元,水利损失 540 万元,工矿企业损失 300 万元。

1995 年 5 月 8 日,佛冈县出现大暴雨,日降水量达 129.5 毫米。全县受灾人口 23000 人,有 1500 人被洪水围困,800 多人无家可归。损坏房屋 7100 多间,倒塌 2408 间。受灾农作物 1700 公顷,其中水稻 1620 公顷,绝收 750 公顷。冲毁电排站 1 座,装机 380 千瓦,渡槽 2 条,总计经济损失 8700 万元,其中水利设施 1150 万元。

6 月 15—18 日,佛冈县持续出现暴雨、大雨,累计降水量为 163.3 毫米。全县有 5 个乡镇、14 个村庄受浸,150 人被洪水围困,损坏房屋 175 间,受灾作物 925 公顷。农林牧渔损失共 125 万元,工业交通损失 46 万元,水利损失 78 万元。

7 月 2—6 日,持续出现暴雨,县城累计降水量为 344.9 毫米,逐日降水量分别为 70.8

毫米、42.5毫米、60.6毫米、62.5毫米和108.5毫米。与此同时，北江水顶托造成洪水倒灌。全县有7个镇受灾，受浸村庄25个，受灾人口60000多，被洪水围困27000人，1100多人无家可归。损坏房屋15000间，其中倒塌2012间。受灾农作物2936公顷，其中水稻2600公顷，失收900公顷。鱼塘漫顶214公顷，损坏电排站4座，水圳等水利设施崩决45处17千米长。损坏电话1000多部，电杆512条。总计直接经济损失1.32亿元，其中水利工程2426万元，房屋损失4207万元，农作物2600万塘鱼、禽畜902.8万元，交通设施467.8万元，通信设施167.6万元，供电设施130万元。

10月3—4日，受9515号台风外围云系影响，降水量为93.7毫米，极大风速为11.3米/秒；14—15日受9516号强热带风暴外围影响，降水量为107.3毫米。大风、暴雨造成直接经济损失225万元，其中农、林、牧、渔损失140万元，工交战线20万元，水利电力70万元，其他35万元。

1997年4月4日，出现雷暴，并伴有暴雨，日降水量为92.8毫米。水田受浸460多公顷，受浸房屋40间，倒塌1间，冲坏电站水圳1处。

1998年3月9日，佛冈县降雨不大，9日降水量为33.5毫米，10日为9.3毫米，但受北江洪水顶托倒灌，龙山镇良塘大堤崩决，民安镇下岳排水不畅，洪水流入受灾。

6月18—24日，佛冈县持续出现大雨、暴雨天气，累计降水量为360.8毫米。暴雨造成32个村2500人受灾，损坏房屋430间，倒塌房屋3间，经济损失230.2万元。受灾农作物0.0533公顷，农林牧直接损失192.2万元。损坏公路7千米，经济损失20万元。损坏护堤60处，渠道决口12处，长1.2千米，损失工程土方1.2万立方米，石方0.05万立方米，经济损失18万元。

2001年6月3—12日，佛冈县持续出现大雨、暴雨和大暴雨天气，10天累计降水量为418.1毫米，最大出现在11日，降水量为118.4毫米。暴雨造成洪水，受灾人口46000，倒塌房屋50间，直接经济损失557万元。农作物受灾8295亩，成灾1800亩，绝收750亩；水产养殖损失1800亩，农林牧渔损失57万元。损坏护岸64处，水电站2座，水利设施共损失30万元。停产工矿企业2家，公路中断2条次，毁坏1千米，经济损失20万。

2002年7月16—20日，全县持续出现强降雨，过程降水量达335.1毫米，24小时降水量为205.4毫米。有10个镇共10.4万人受灾，倒塌房屋146间，直接经济损失1826万元。农作物受灾1288.6公顷，成灾1209公顷。损坏堤防30处，公路中断两条，毁坏路基15.77千米，损坏输电线路3000米。

2005年6月19—25日，持续出现暴雨，7天累计降水量达311.1毫米，其中23日降水量达130.5毫米，烟岭过程降水量达747.6毫米。全县有66个村不同程度受灾，人口达10万多，山体滑坡造成死亡3人。受淹村庄40个，学校45所，倒塌房屋1000多间。农作物受灾5万多亩，损坏农田3万多亩，公路142处，冲毁塘坝109座，直接经济损失1.02亿元。

2006年5月26—28日，受高空槽和切变线共同影响，佛冈县出现暴雨到大暴雨天气。26日08时—28日08时，佛冈县气象站累计降水量为186.6毫米、迳头镇（烟岭站）累计降水量为119.6毫米、汤塘镇（四九站）累计降水量为66.4毫米、龙山镇（民安站）累计降水量为110.0毫米。受浸农田1200公顷，水冲沙盖农田500公顷；国道、省道、县道塌方7处

1950米,水库防汛公路塌方3条5处1500米;通讯线路毁坏500米;冲毁损坏水利工程水陂7宗,其中永久陂5宗,草木陂5宗,水涵闸1座,小水电发电站受损12座、水圳塌方36处4500米。合计经济损失500万元,其中水利水电损失300万元。

7月15—17日,受第4号强热带风暴"碧利斯"外围影响,佛冈县出现一次暴雨降雨过程,从14日20时到17日20时,县城共录得178.3毫米的降水量。因受北江洪水顶托倒灌,7月18日下午5时20分佛冈县龙山镇凤洲联围堤防工程河田排站段洪水漫顶。经济损失共1.3亿元。受洪水围困群众6.16万人,转移受灾群众5.4万人,受浸房屋1500间,受损坏房屋1280间,倒塌房屋584间,受浸农田3668.5公顷,水冲堤沙盖农田420.2公顷,成灾面积1300.7公顷,失收面积633.7公顷;毁坏公路16处,长7200米,输电线路800米,通讯线路1200米;损坏堤防5条16处,长3500米,洪水漫顶决堤2条,缺口共长450米,塌方滑坡7处共长800米,管涌23处共长2300米;冲坏灌溉水利设施水圳80处,长4500米,损坏引水陂32座。

7月26—27日,受台风"格美"减弱成的低压槽影响,佛冈县各地普降暴雨到大暴雨,26日08时到27日08时各地降水量分别为:民安178.5毫米,四九121.7毫米,县城132.9毫米,烟岭66.4毫米。经济损失1200万元。全县受灾人口3.5万人,转移群众0.6万人,受浸房屋240间。受浸农田2334.5公顷,水冲毁农田100公顷,全县7宗水库溢洪,凤洲联围西排支堤和下岳堤全兴决口临时加固设施因洪水浸顶,再次被冲毁。冲坏水利设施120多处。

2007年5月26日,受切变线和弱冷空气影响,佛冈县出现大范围强降水天气。26日午夜2时开始,佛冈县突发暴雨天气,25日08时到26日08时,县城共录得175.3毫米的降水量,烟岭、四九、民安自动站分别录得93.5毫米、52.8毫米、52.1毫米的降水量。其中县城04时1小时降水量达88.2毫米。全县经济损失1200万元,其中水利损失600万,凤洲联围河田路口段被洪水冲割堤脚长145米;烟岭北堤井前段被洪水冲割堤脚长300米;龙山镇占果陂护坦被洪水冲坏长150米、宽7到9米,共计面积2900平方米。受浸房屋80多间,受浸农田1054公顷,被洪水冲割堤毁坏共2条3处长850米,损毁占果陂护坦等灌溉引水陂32宗,被毁坏河堤防护岸23处共长1200米,冲坏石瓮灌圳等水利灌溉水圳28条43处共长2200米,9宗小型水库防汛公路塌方滑坡16处共长2200米。

6月7—10日,受低槽和切变线影响,佛冈县出现持续性大范围强降水天气。7至10日县城录得211.9毫米的降水量,烟岭、四九自动站分别录得135.2毫米、160毫米,其中县城9日08时至10日08时录得132.9毫米,1小时最大降水量达67.8毫米。强降雨造成部分地方山体滑坡塌方。汤塘镇暖坑村的山体滑坡,及时转移6户受威胁群众,避免出现一次人员伤亡事故。受浸房屋70多间,受浸农田587公顷,被洪水冲坏桥涵8座,被洪水冲割堤毁坏共2条3处长850米,损毁占果陂护坦等灌溉引水陂22宗,被毁坏河堤防护岸23处共长1200米,冲坏水利灌溉水圳28条43处共长3200米,水库防汛公路塌方滑坡16处共长2200米,损坏交通公路路面48处长4500米,损坏供电线路1500米、通讯线路2200米,全县经济损失共计1600万元,其中水利设施损失700万元。

2008年6月12—13日受低压槽和西南暖湿气流影响,全县普降暴雨局部大暴雨。48小时累计降水量为162.5毫米,高岗镇降水量最大,达260.6毫米,其中13日17至18时两小时降水量 103.6 毫米。受浸农田 1.8 万亩,损坏农田 0.13 万亩,受浸鱼塘 0.1 万亩;毁坏公路 208 处 16760 米,冲毁河堤护岸 32 处共长 3600 米,损坏灌溉设施 477 处,受浸房屋 940 间倒塌 191 间,紧急转移群众 2530 人。

6 月 25 日 05 时 30 分,热带风暴"风神"在深圳登陆后,一路向北,从佛冈县东面的新丰县北上。受其减弱成的低压槽影响,26 日出现特大暴雨天气,其中最大降水量出现在县城,达 266.3 毫米,最大 1 小时降水量 93.4 毫米也出现在县城。其他各站降水量分别为:四九 165.7 毫米,民安 165.2 毫米,烟岭 158.4 毫米,高岗 176.1 毫米,水头 252.3 毫米,龙南 163.6 毫米。据三防办统计,全县经济损失共计 3800 万元,其中,农业方面损失 2100 万元,水利设施损坏 900 万元,交通工业损失 800 万元。全县受灾 35000 人,共有 20 多条村受浸,2 间中学受浸,紧急转移群众 2000 多人,其中转移学生 400 多人,受浸房屋 640 间,4 条村镇公路山体塌方中断,冲毁小山塘 5 座,冲毁交通涵洞 3 座。

第二节　干旱

宋绍兴十六年(1146 年),久旱,鼠千万为群,食稼,岁饥。

宋嘉定十四年(1221 年),旱。

元至元十二年(1275 年),大旱。

元至正十三年(1353 年),大旱。

清乾隆四十二年(1777 年),秋七月旱,晚造歉薄。

1955 年,春大旱。1954 年 10 月至 1955 年 4 月底,历时 214 天,没有下过一场透雨,发生 60 年来罕见的旱灾。全县受旱面积 7.3 万亩,占水田面积 46.3%,成灾面积 5.11 万亩。全县在 4 月 11 日起,发动 2.5 万人抗旱抢插保苗,采取打井,拦河堵坝、修复陂头、柴油机、龙骨车、戽斗、吊桶等引水、提水抗旱措施。据统计:打井 1561 个,拦河堵坝 99 处,修复陂头 353 宗,水圳 204 条,出动柴油抽水机 3 台(44 匹马力),龙骨车 321 架,戽斗 3348 只,吊桶 944 个。抗旱抢插面积达 3.31 万亩,其中四九地区群众七级车水抗旱插秧 12 亩。

1956 年,秋旱。从 8 月下旬至 10 月下旬,历时 61 天,没有下过透雨,受旱面积 3.12 万亩,成灾面积 0.88 万亩,失收面积 0.13 万亩。

1959 年,秋旱,连续干旱 41 天。

1963 年,春旱,1962 年 12 月至 1963 年 5 月底,连续 181 天中没有下过透雨。受旱面积 10.67 万亩,其中无水未插面积 1.19 万亩,插后失收 1.4 万亩。

7—9 月,秋旱。总降水量为 346.8 毫米,比历年同期平均 610 毫米偏少近一半,晚造受旱面积 5.9 万亩,成灾面积 2.55 万亩,无水未插 0.88 万亩,插下旱死 0.24 万亩。为抗旱,打井挖泉 212 处,运用龙骨水车 456 架,使用吊斗、戽斗等人力提水抗旱工具两万多件,安装抽水机械 29 台,572 匹马力。抗旱高峰期,日出动 3.2 万人,累计使用劳动工具 67 万个。

1966 年,秋旱。9 月 3 日—10 月 13 日,历时 4l 天无透雨。全县插植面积 16.69 万亩,受旱面积 4.35 万亩,成灾面积 1.82 万亩。

1967 年,秋旱。9 月 7 日—10 月 31 日,历时 55 天无透雨,全县受旱面积 4.84 万亩,占插植面积 29%,成灾面积 1.25 万亩。

1969 年,秋旱。9 月 7 日—10 月 14 日,历时 38 天。晚造受旱面积 2.379 万亩,成灾面积 0.778 万亩。

1971 年,春旱。1971 年 1 月 28 日—4 月 2 日历时 64 天无透雨,受旱面积 5.93 万亩,占插植面积 36%,成灾面积 1.51 万亩。早造收成比 1970 年同期减产 12.2%。

1972 年,春旱。1971 年 12 月 27 日—1972 年 4 月 4 日,历时 98 天无透雨。全县受旱面积 4.279 万亩,成灾面积 1.23 万亩。

1977 年,春旱。1976 年 10 月 31 日—1977 年 5 月 15 日,历时 190 天无透雨。全县早造受旱面积 6.94 万亩,占插植面积近 4 成,成灾面积 1.51 万亩。全县发动群众 3.22 万多人进行抗旱、保苗、抢插。5 月 15 日在县气象站及龙山等处打炮 20 发,进行"人工增雨",佛冈境内降雨 257 毫米,解除旱患。

1980 年,秋旱。9 月 17 日—10 月 22 日,历时 35 天无雨,晚造插埴水稻面积 16.763 万亩,受旱面积 3.6 万亩,失收 0.32 万亩。

1984 年,秋旱。9 月 26 日—10 月 31 日,历时 35 天无雨,晚造插植面积 16 万多亩,受旱面积 3.69 万亩,成灾面积 0.31 万亩。

1985 年 9 月 25 日—10 月 24 日,全县轻旱 34 天,受旱面积 3.67 万亩,成灾面积 0.70 万亩。

1989 年 9 月 25 日—10 月 31 日,降水量仅为 4.6 毫米,造在秋旱。全县农作物受旱 5.28 万亩,其中水稻 4 万亩,成灾 0.59 万亩,失收 0.4 万亩,估计损失粮食 161 万千克,其他作物受旱 1.27 万亩,成灾 1.2 万亩,失收 0.065 万亩。

1991 年 3—6 月,降水量为 516.2 毫米,偏少六成多。由于高温少雨,春旱严重,春耕生产用水问题突出,因缺水造成佛冈县有 1 万多亩无法插秧。后期持续干旱,早造发育受阻,减产 1198 吨。

8—10 月,降水量为 256.1 毫米,晚造期间气温偏高,日照充足,雨量偏少,秋旱明显。

2002 年 3 月 15 日—5 月 8 日,全县重旱 54 天,造成直接经济损失 1224 万元。

2003 年 7 月,佛冈县持续高温天气,有 20 天最高气温高于 35℃,极端最高气温达 39.8℃,创历史新高。月降水量仅 34.2 毫米,由于降雨少,气温高,蒸发大,出现中度干旱,水田缺水 1.78 万亩,农作物受旱 0.646 万亩。

2004 年 9 月,降水量仅 7.5 毫米,10 月更是滴雨未下,创历史记录新低。10 月 2—17 日还出现寒露风天气。受严重干旱和寒露风天气影响,全县受旱面积 13.92 万亩,其中水稻 6.198 万亩,经济作物 7.721 万亩,成灾面积 5.964 万亩,绝收 0.72 万亩。受灾 143766 人,直接经济损失 2166 万元。

2005 年 9—10 月,出现干旱。9 月降水量仅 46.4 毫米,10 月仅 0.1 毫米,比历年同期偏少 79%,受旱农作物达 4890 公顷。

2007 年 7 月 7 日—8 月 10 日,全县持续高温少雨,35℃ 以上高温天气达 24 天,降水量严重偏少。水利工程蓄水比多年同期偏少 25%。全县受旱农田 5.45 万亩,其中轻旱 1.6 万亩,重旱 2.47 万亩,作物干枯 1.29 万亩,投入抗旱资金 73.3 万元

10—12 月,降水量为 60.8 毫米,比历年同期平均偏少 63%。由于持续干旱,水利工程蓄水比多年同期平均偏少 19%,造成作物受旱 1210 公顷,2600 多人饮水困难。

第三节 寒潮、低温霜冻

1964年2月20—27日,持续8天日最低气温小于5℃,最低气温2.6℃,全县冻死耕牛70头。

1984年1月20—22日,出现寒潮天气,过程最低气温3.0℃。

1991年12月27—29日,出现寒潮、低温天气,最低气温零下1.0℃,全县冻死耕牛12头。

1993年1月14日,开始受寒潮影响,48小时平均气温下降11.2℃,过程最低气温零下0.6℃,低温阴雨天气持续10天,24日天气由湿冷转干冷,并于29至31日出现霜冻。全县冻死石硖龙眼8万株、冻伤30万株,直接经济损失100多万元。冻坏冬作物1119公顷,其中全部冻死有214.5公顷,直接经济损失361万元。冻死福寿鱼43500千克,价值43.5万元。冻死鱼苗105万尾,价值34.75万元。

1996年2月18日,受寒潮影响,日平均气温下降9.7℃,最大24小时降温15℃。18—24日连续7天最低气温低于5℃,极端最低气温1.5℃。全县10个乡镇不同程度受到影响,其中灾情较严重的为迳头镇的青竹、中洞管理区。全县受灾山林果树2.2万亩,冻死耕牛19头,猪1头,羊13只,鸡950只,母鹅450只,鱼0.69万千克,断电线杆5条1250米,直接经济损失430万元。

1999年12月21—27日,受强冷空气和夜间辐射降温影响,持续出现低温天气,最低气温零下0.3℃,23日起连续4天出现霜冻或冰冻。持续低温霜冻,造成大量经济作物冻死冻伤。民安、高岗、迳头、四九、龙南等镇的果树农作物受灾,共38800多公顷,主要损失作物是石硖龙眼、荔枝、白榄、香蕉、荷兰豆、马铃薯和塘鱼等。

2002年12月26—28日,受强冷空气影响,气温急剧下降,最低气温降到2.1℃,北部最低降到0℃以下,并有冰冻。山林受灾面积3655亩,农作物受害面积5223亩,其中果树2593亩,蔬菜2415亩,经济作物115亩,其他100亩。冻死禽畜2210只(头),塘鱼2870千克,直接经济损失909万元。

2008年1月25日—2月4日,持续受强冷空气影响,最低气温1.8℃,伴有阴雨天气。由于日平均气温低,无光照,大量经济作物冻伤冻死,应节上市的主要经济作物沙糖桔无法采收、外销,损失严重。

第四节 低温阴雨

1970年,2月27日—3月26日,持续28天出现低温阴雨天气,造成烂秧(谷种损失,下同)150万千克。

1974年,3月10—16日,持续7天出现低温阴雨天气,造成烂秧50万千克。

1975年,2月8—13日,持续6天出现低温阴雨天气,造成烂秧10万千克。

1976年,2月18—26日持续9天出现低温阴雨天气,3月19—25日又出现7天低温阴雨天气,共造成烂秧100万千克。

1979年,3月12—20日持续9天出现低温阴雨天气,造成烂秧29.4万千克。

1982年,2月5—14日持续10天出现低温阴雨天气,2月25日—3月2日持续6天又出现低温阴雨天气,造成烂秧9.5万千克。

1983年,2月19日—3月2日,持续12天出现低温阴雨天气,造成烂秧10万千克。

1988年3月,气温持续偏低,月平均气温13.4℃,与历年平均相比偏低3.2℃,日照只有26.6小时,全月雨日达22天。春播关键期3月17日以后出现连续8天的低温阴雨天气,29日又再次出现持续6天日平均气温低于15℃的不利天气。农业生产推迟1个月,且出现严重烂秧,总计达40万千克。

1992年,2月4—12日,持续9天出现低温阴雨天气,全县普遍出现烂秧。

第五节　雷雨大风

1995年8月31日,9505号台风在汕尾陆丰一带登陆,佛冈县出现6~7级的大风,持续3个小时之久,日极大风速17.5米/秒,达8级。全县有南部5个乡镇10个村庄受到不同程度影响,受灾人口9700人,损坏房屋390间,倒塌房屋6间。直接经济损失145万元,其中农林牧渔损失80万元,工矿企业20万元,水利电力10万元,其他35万元。

1997年6月2日,傍晚时分,迳头镇出现雷雨大风天气,佛冈县城录得极大风速12.1米/秒。迳头镇湖洋管理区受雷雨大风袭击,损坏房屋100多间。

2007年4月24日,受切变线和弱冷空气影响,佛冈县出现大范围强降水和雷雨大风天气,23日08时到24日08时各地降水量分别为:县城37.8毫米,民安站64.1毫米,四九站56.6毫米,烟岭站32.7毫米。烟岭站和民安风速分别为27.0米/秒、17.4米/秒,四九站和县城也达到16.7米/秒、14.8米/秒。据三防办统计,全县经济损失2800万元,其中水利损失1100万,倒塌房屋38间,损坏房屋220多间,7人受伤,其中3人重伤。雷雨大风造成龙山镇彩仕塑料制品厂在建厂房倒塌,3名工人重伤,龙山学田小学3名小学生被风吹倒受轻伤。

第六节　冰雹

明成化二十年(1484年),春二月,大雨雹成灾。

1963年4月20日10时30分至11时,石角、三八、龙南受冰雹袭击,例塌房屋8间,伤8人,重伤2人,耕牛伤2头,死伤三鸟617只,226亩小麦和559亩花生灾害率达60%~80%,67亩秧苗遭灾。气象站地面最高温度表被打断。

1967年5月24日14时,降雹10~15分钟,大的如酸梅大,小的如黄豆大,出现在龙山的关前、黄塱、车步、白沙塘、学田及民安的部分地方。塌房20间,损坏326间。

1972年4月16日,龙南的里水、小潭、石联、铺岭及水头的丰联、潭洞出现冰雹,但无灾。

1978年4月20日,有雹无灾。

1980年3月5日11时37—39分,冰雹直径<5毫米,塌房2间,死1人,伤3人;翻瓦损房401间,吹倒大树30多棵,其中10棵连根拔起。小麦倒伏460亩;电话线杆断10根。

1981年3月18日20时—20时13分,高岗、烟岭、龙南出现冰雹伴雷雨大风。冰雹大的如小瓷盘,小的如乒乓球。造成塌房24间,砸烂瓦面4134间,死1人,伤2人,耕牛死1

头,倒电杆 24 根,603 亩秧苗遭受灾害。

1983 年 3 月 1 日 15 时 23—25 分,龙山有雹无灾。

4 月 7 日 17 时 52—57 分,佛冈县气象站观测到冰雹,但无灾。

5 月 14 日 17 时 24—28 分,石角降冰雹,直径 15～30 毫米。19 时 10—25 分,水头、西田、谭洞出现冰雹,最大直径 50 毫米。水头镇丰二大队办公楼降下一块重 10 千克。新田大队、大挞田生产队黄常彬住房降下一冰块重 8 千克。这次冰雹天气造成倒塌房屋 471 间,损坏瓦房 6739 间。

1984 年 4 月 1 日 11 时左右,民安、高岗、烟岭、迳头均出现冰雹。大小如指头,烟岭楼下大队受损失较大,300 间房屋遭破坏。

5 月 13 日 13 时 58 分—16 时 7 分,龙山镇的黄朗、车步出现冰雹,大的如鸡蛋,小的如黄豆,并伴有雷雨大风。这次灾害倒塌房屋 386 间,损坏瓦房 2632 间,死 2 人,重伤 3 人,轻伤 51 人,2124 户(10970 人)受灾,42 户(224 人)无家可归。水稻受灾 1.76 万亩,其中受灾严重的 0.68 万亩,花生等经济作物受灾 0.4 万亩,受灾严重的 0.16 万亩。24 根高压电杆、56 根电话线杆被刮倒。

第七节　雷电

1997 年 4 月 4 日,出现雷暴,龙山镇因雷电击死 1 人,击坏变压器两台。

2004 年 5 月 27 日 15 时 30 分左右,龙山镇发生一起雷击意外,致在河堤上赶牛回家时遭受雷击的两名中年妇女死亡。

2006 年 7 月 12 日,迳头镇社坪村水码头小组发生一起雷击意外,致 1 人死亡。死者李某,男,41 岁。当天 17 时 30 分左右,在自家楼顶(一层)天面南边女儿墙附近收谷,此时天顶有一块雷雨云,但并未下雨。突然一道闪电从天而降打在死者身上,伴随着一声巨大的雷声,死者应声翻倒,从楼顶跌落地面。死者衣衫破碎,身上从胸前到双脚都有被烧焦的痕迹,雷击现场死者双脚站立的水泥地面被雷冲击出两个浅坑。同在楼顶上收谷的还有死者的母亲和儿子,两人有触电感觉,并未受到严重的创伤,只是感到头痛和眩晕。

2007 年 7 月 28 日下午,迳头镇出现雷雨天气,雷电击中正在田间劳作的村民郑某,致其当场死亡,另有在场 6 名村民有触电感觉,但未受伤。

第八节　地质灾害

1975 年 5 月,高岗镇高岗村路下自然村山体滑坡,造成 3 人死亡,6 人受伤,30 间民房(450 平方米)被毁坏,直接经济损失 14.5 万元。

2005 年 6 月,由强降雨诱发的迳头镇龙岗村野珠湾崩塌,崩塌体毁坏民房 2 间(30 平方米),直接经济损失 1.2 万元;迳头镇太平烟岭中学 1 栋教学楼(1000 平方米)崩塌,经济损失 60 万元;龙山镇占果地段潖江河堤产生侧蚀崩塌长度约 1000 米。

第四篇　气象事业

第七章　气象业务

　　1956年佛冈县气象站建立后的主要任务是地面气象观测。按照中央气象局的有关规定开展定时4次(02时、08时、14时和20时)观测业务和航空危险报,为国防和地方建设提供服务,并开始制作发布单站补充天气预报,利用广东省气象台播发的简易天气形势和佛冈县气象要素,结合天气、物象综合制作天气预报,以后逐渐开展中、长期和专题天气预报。随着改革开放和社会市场经济建设的不断深入发展,佛冈气象事业得以快速发展。主要体现在:(1)气象系统网络完善、专业数据取样准确、观测技术过硬、服务全面的气象事业综合服务体系。(2)能够与广州区域气象中心实现计算机联网,及时、快捷获取防灾气象服务的卫星云图、雷达回波图、国内和国外数值预报产品和实测资料、信息。(3)在农业气象服务中,结合农业的特点和要求,实行产前、产中、产后全程服务。如开展沙糖桔采收期专项服务、粮食安全保障服务。(4)气象不仅为社会公众服务,也为政府决策服务,为工矿、城建、交通、商业、水利、林业、水产、电力、环保、卫生、体育、旅游和金融保险等行业提供专项服务。(5)根据《中华人民共和国气象法》以及《广东省防御雷电灾害管理规定》,对全县防御雷电自然灾害的工作进行管理监督,并负责全县防雷设施的检测和技术服务。

第一节　地面气象观测

　　地面气象观测是气象工作的基础。气象观测是对一定范围内的气象状况及其变化,进行系统的、连续的观察和测定,为天气预报、气象情报、气候分析、科学研究提供重要依据。

　　佛冈县系统性地面气象观测从1956年开始,9月11日02时起正式开展气象观测发报,观测场位于石角镇东郊(今环城东路292号),至2008年底站址未变动,2009年1月1日观测场搬迁至县政府西侧。2008年底,每天进行02时、08时、14时、20时4次定时观测和05时、11时、17时、23时4次补充观测,24小时守班。地面气象观测项目主要有:气温、气压、降雨、云、能见度、天气现象、蒸发、湿度、地表温度、浅层地温、深层地温、草温、日照、风向风速等。除向国家气象中心提供天气资料外,根据上级要求拍发航危报,先后为AV

广州、AV 惠阳、PK 北京、MH 广州、ZC 北京发送过航危报,目前仍在使用航危报的有 MH 广州。随着社会发展,气象观测也逐渐实现现代化。1967 年使用 EL 型电接风,取代维尔达轻型、重型风压器;1993 年 EN 型测风仪取代 EL 型电接测风仪。1986 年 1 月 1 日启用 PC-1500 袖珍计算机编报、制作报表;1994 年改用 IBM386 微机编发报;2005 年改用遥测站编发报。

2002 年 1 月 16 日在观测场内安装 1 个 6 要素自动气象站,观测项目有风向、风速、降水、气温、湿度、气压。2003 年 8 月 27 日改为遥测站,自动观测项目有风向、风速、降水、气温、湿度、气压、地温、浅层地温、深层地温、草温等项目。2004 年 1 月 1 日进行平行观测,人工与自动站同时运行,以人工为主。2005 年 1 月 1 日单轨运行,以自动站为主,云、能、天仍由人工观测。遥测站每 6 分钟自动向广东省气象局发送一次资料,每 10 分钟自动向中国气象局发送一次资料。

佛冈县部分气象观测业务变化见表 7-1-1。

表 7-1-1　佛冈县部分气象观测业务变化情况表

项目	开始日期	结束日期	内容	备注
站名	1956 年 10 月 1 日	1959 年 1 月 31 日	广东省佛冈县气象站	
	1959 年 2 月 1 日	1960 年 2 月 28 日	从化县佛冈气象站	
	1960 年 3 月 1 日	1961 年 5 月 31 日	从化县佛冈气象服务站	
	1961 年 6 月 1 日	1962 年 9 月 30 日	佛冈县气象服务站	
	1962 年 10 月 1 日	1965 年 6 月 30 日	广东省佛冈县气象站	
	1965 年 7 月 1 日	1972 年 10 月 31 日	广东省佛冈县气象服务站	
	1972 年 11 月 1 日	2002 年 3 月 14 日	广东省佛冈县气象站	
	2002 年 3 月 15 日		广东省佛冈县气象台	
站号	1956 年 10 月 1 日		59087	
站类	1956 年 10 月 1 日	1962 年 12 月 31 日	气象站	
	1963 年 1 月 1 日	2006 年 12 月 31 日	基本站	
	2007 年 1 月 1 日	2008 年 12 月 31 日	一级站	
	2009 年 1 月 1 日		基本站	
使用时制	1956 年 10 月 1 日	1960 年 7 月 31 日	地方平均太阳时	
	1960 年 8 月 1 日		北京时	
定时观测时间	1956 年 10 月 1 日	1960 年 7 月 31 日	4 次	01 时;07 时;13 时;19 时
	1960 年 8 月 1 日		4 次	02 时;08 时;14 时;20 时
夜间守班时间	1956 年 10 月 1 日		守班	

2008 年 3 月,位于县政府西侧的观测站建成,开始进行对比观测。5 月份,在观测站增设 GPS/MET 基准站,开展观测,6 月份正式运行,向中国气象局发送资料。2008 年 12 月 31 日 20 时起,县政府西侧的观测场正式启用,原位于环城东路的观测站作对比使用。佛冈县气象观测场位置变迁见表 7-1-2。

佛冈县气象观测站建站后,相当长时间内采用人工方式进行气象观测。2004 年 1 月 1 日起,采用自动观测的方式进行观测、发报,探测设备有出现变化,云、能见度、天气现象仍采用人工观测。2008 年 6 月增加 GPS/MET 水汽观测。

表 7-1-2　佛冈县气象观测场位置参数表

开始日期	结束日期	北纬	东经	气压表海拔高度	地址
1956 年 10 月 1 日	1977 年 12 月 31 日	23°52′	113°32′	68.4 米	石角镇东郊
1978 年 1 月 1 日	1990 年 12 月 31 日	23°52′	113°32′	68.4 米	石角镇东郊
1991 年 1 月 1 日	1999 年 12 月 31 日	23°52′	113°32′	68.6 米	石角镇环城东路 4 号
2000 年 1 月 1 日	2003 年 6 月 30 日	23°52′	113°32′	68.6 米	石角镇环城东路 292 号
2003 年 7 月 1 日	2008 年 12 月 31 日	23°52′	113°32′	69.8 米	石角镇环城东路 292 号

一、地面气象观测技术规范沿革

地面气象观测业务,在各个时期因技术规范、技术装备和技术要求的变化,有较多的变动。

时制沿革　1956—1960 年 6 月,采用地方平均太阳时.1960 年 7 月起采用北京时。日照时数均用真太阳时。

技术规范变更　1956—1960 年,采用《气象观测暂行规范——地面部分》。1961—1979 年采用经第三次修订的《地面气象观测规范》。1980—2003 年采用经第四次修订的《地面气象观测规范》。2004 年起,采用经第五次修订的《地面气象观测规范》。

二、地面天气报告的沿革

地面气象观测结果的编码报告有 5 种:

地面天气报　由中国气象局组织,由国家基本站编发的定时天气报告,供全球气象台站实时交换使用。2007 年以前,8 次定时(02、05、08、11、14、17、20、23 时)进行观测,除 23 时后,其他 7 次向中国气象局发天气报告。2007 年 1 月 1 日起,增加 23 时的天气报告。

气象旬(月)报　由中国气象局和广东省气象局组织,每旬(月)编发一次的地面气象实况统计资料,供气候分析、评价、农业气象研究及社会服务使用。从 1977 年 6 月 1 日至 1982 年 12 月 31 日,统一使用 HD01 电码。1983 年起,使用 HD02 码。

重要天气报　为天气预报和社会服务提供的突发性灾害性天气实况报告。电报只供国内气象台使用,不参加世界气象情报交换。从 1983 年 11 月 1 日开始,采用 GDⅡ电码。此前称为"灾害性天气实况报"和"雨量报——电码形式也不同。

根据《重要天气报告组织办法(试行)》,1983 年 11 月起,重要天气主要有大风、龙卷、积雪、雨凇、冰雹、雨情 6 种。2008 年 6 月,根据《关于修订重要天气报有关事宜的通知》,增加雷暴和视程障碍(霾、雾、浮尘、沙尘暴)类现象。

航空天气报告和危险天气通报　指为航空、航天气象保障提供的天气实况报告,编发固定每小时 1 次的航空报和不定时的危险报。实况电报只供航空航天部门使用。危险天气报使用 GD22Ⅱ电码形式。

热带气旋加密观测报　是在热带气旋影响期间,由中央气象台或广东省气象台组织的每小时编发一次补充地面气象天气报告,供各气象台的热带气旋短期、短时预报服务研究使用。台风报经历 5 次修改,1982 年起使用与 GD01Ⅱ相似的报文格式。2006 年 5 月取消热带气旋加密观测报,改为由地面气象测报业务软件"OSSMO2004"每隔 10 分钟上传数据代替。

核电应急报　是在核电出现应急需要期间,由广东省气象局组织的每小时编发一次补充地面气象天气报告。该报仅进行过演练,实际并未使用过。

佛冈县部分年份气象观测发报情况见表 7-1-3。

表 7-1-3　佛冈县部分年份气象观测发报情况表

年份	报类	发报时间	地点
1979	OBSER	02、05、08、11、14、17、20 时	广州
	OBSAV	00—24 时	广州
	OBSAV	00—24 时	惠阳
	OBSPK	00—24 时	北京
	OBSMH	00—24 时	广州
	OBSER	旬、月	北京
1980	OBSER	02、05、08、11、14、17、20 时	广州
	OBSAV	00—24 时	广州
	OBSAV	00—24 时	惠阳
	OBSPK	00—24 时	北京
	OBSMH	00—24 时	广州
	OBSER	旬、月	北京
1981	OBSER	02、05、08、11、14、17、20 时	广州
	OBSAV	00—24 时	广州
	OBSAV	00—24 时预约	惠阳
	OBSPK	00—24 时预约	北京
	OBSMH	04—22 时(22—04 时预约)	广州
	OBSER	旬、月	北京
1982	OBSER	02、05、08、11、14、17、20 时	广州
	OBSAV	00—24 时	广州
	OBSAV	00—24 时预约	惠阳
	OBSPK	00—24 时预约	北京
	OBSMH	04—22 时(22—04 时预约)	广州
	OBSER	旬、月	北京
1983	OBSER	02、05、08、11、14、17、20 时	广州
	OBSAV	00—24 时	广州
	OBSAV	00—24 时	惠阳
	OBSPK	00—24 时预约	北京
	OBSMH	00—24 时	广州
1985	OBSER	02、05、08、11、14、17、20 时	广州
	OBSAV	00—24 时	广州
	OBSAV	00—24 时	惠阳
	OBSPK	00—24 时预约	北京
	OBSMH	04—22 时	广州
	OBSER	旬、月	广州

续表

年份	报类	发报时间	地点
1986	OBSER	02、05、08、11、14、17、20 时	广州
	OBSAV	00—24 时	广州
	OBSAV	03—24 时	惠阳
	OBSPK	00—24 时预约	北京
	OBSMH	04—22 时	广州
	OBSER	旬、月	北京
1987	OBSER	02、05、08、11、14、17、20 时	广州
	OBSAV	00—24 时	广州
	OBSAV	03—24 时	惠阳
	OBSJQ	06—18 时	惠阳
	OBSPK	预约	北京
	OBSMH	04—22 时	广州
	OBSER	旬、月	北京
1988	OBSER	02、05、08、11、14、17、20 时	广州
	OBSAV	00—24 时	广州
	OBSAV	03—24 时	惠阳
	OBSJQ	06—18 时	惠阳
	OBSPK	00—24 时预约	北京
	OBSMH	04—22 时	广州
	OBSER	旬、月	北京
	OBSER	重要天气	广州
	OBSER	旬、月	清远
1989	OBSER	02、05、08、11、14、17、20 时	广州
	OBSAV	00—24 时	广州
	OBSAV	03—24 时	惠阳
	OBSJQ	06—18 时	惠阳
	OBSPK	04—16 时预约	北京
	OBSMH	04—22 时	广州
	OBSER	重要天气	广州
1990	OBSER	02、05、08、11、14、17、20 时	广州
	OBSAV	03—23 时	广州
	OBSAV	03—23 时	惠阳
	OBSJQ	06—18 时	惠阳
	OBSPK	05—20 时预约	北京
	OBSER	重要天气	英德
1992	OBSER	02、05、08、11、14、17、20 时	广州
	OBSAV	03—23 时	广州
	OBSAV	03—23 时	惠阳
	OBSPK	05—20 时	北京

续表

年份	报类	发报时间	地点
1992	OBSMH	04—22 时	广州
	OBSMH	04—22 时	深圳
	OBSJQ	06—18 时	惠阳
1996	OBSER	02、05、08、11、14、17、20 时	广州
	OBSAV	03—23 时	广州
	OBSMH	04—22 时(02—10 月)	惠阳
	OBSJQ	06—18 时	惠阳
	OBSPK	05—20 时预约	北京
	OBSMH	04—22 时	深圳
2007	OBSER	02、05、08、11、14、17、20、23 时	广州
	OBSMH	04—22 时(01 月 14 日—09 月 30 日)	广州
2008	OBSER	02、05、08、11、14、17、20、23 时	广州
	OBSMH	04—22 时(01 月 14 日—09 月 30 日)	广州

三、气象观测仪器

地面气象观测工作,除云、能见度和天气现象,其他的需要借助仪器进行观测。观测仪器需要获得上级业务主管部门颁发的使用许可证;准确度要满足规定的要求;可靠性高,保证获取的观测数据可信。因此,使用的气象观测仪器均由上级业务主管部门配备,在检定期满前进行撤换。1962 年以前,部分仪器为苏联和德国产品,之后以国产为主。2005 年 1 月 1 日起,大部分气象要素实现自动化观测。

(一)气压观测仪器

佛冈县使用过的气压观测仪器有动槽式水银气压表、定槽式水银气压表、膜盒式电容气压传感器和空盒气压计。

1956 年 9 月 11 日,使用动槽式水银气压表。1960 年 5 月 1 日,改用定槽式水银气压表。1963 年 11 月 1 日,改用动槽式水银气压表。2005 年 1 月 1 日,改用膜盒式电容气压传感器。

1956 年 9 月 11 日至 2008 年 12 月 31 日,使用空盒气压计对气压进行自动记录,主要用于获取气压极值。

(二)气温观测仪器

1956 年 9 月 11 日,用干球温度表、湿球温度表。最高温度使用玻璃水银温度表测量,最低温度则使用玻璃酒精温度表测量。2005 年 1 月 1 日,改用铂电阻温度传感器测量气温,包括最高、最低气温。

1956 年 9 月 11 日至 2008 年 12 月 31 日,使用双金属温度计对气温进行自动记录,资料主要作对比使用。

（三）湿度观测仪器

1956 年 9 月 11 日,湿度使用干、湿球温度表观测的温度进行查算。2005 年 1 月 1 日,改用湿敏电容对湿度进行观测。

1956 年 9 月 11 日至 2008 年 12 月 31 日,使用毛发湿度计对相对湿度进行自动记录。

（四）风向风速观测仪器

1956 年 9 月 11 日,使用维尔德测风器测量风向风速。1967 年 12 月 27 日,改用 EL 型电接风向风速计测量风向风速。1993 年 7 月 1 日,改用 EN 型测风数据处理仪测量风向风速。2005 年 1 月 1 日,改用 EC9－1 风杯式遥测风向风速传感器测量风向风速。

（五）降水量观测仪器

1956 年 9 月 11 日至 2004 年 12 月 31 日,20 厘米口径雨量器测量降水量。

2005 年 1 月 1 日,改用双阀容栅式雨量传感器测量降水量。

1956 年 9 月 11 日至 2008 年 12 月 31 日,用虹吸式雨量计记录连续液体降水。

（六）蒸发观测仪器

1956 年 9 月 11 日至 1996 年 12 月 31 日,使用 20 厘米口径的小型蒸发器测量蒸发量。

1997 年 1 月 1 日,改用 E601B 型蒸发器(大型蒸发器)测量蒸发量,小型蒸发作为参考使用至 2001 年底。

（七）日照观测仪器

1956 年 9 月 11 日起,日照一直使用乔唐式日照计进行观测。

（八）草温观测仪器

2008 年 1 月 1 日,开始使用草面温度传感器观测草温。

（九）地面温度观测仪器

1958 年 4 月 27 日,分别用套管式地温表、最高地温表、最低地温表观测地面温度、地面最高温度、地面最低温度。1992 年 11 月 6 日,改用内标式地温表。2005 年 1 月 1 日,改用铂电阻地温传感器自动测量地温。

（十）浅层地温观测仪器

1956 年 9 月 11 日至 1966 年 10 月 31 日,分别使用套管式地温表观测 5 厘米、10 厘米、15 厘米、20 厘米地温。1966 年 11 月 1 日起停止人工观测浅层地温。2004 年 1 月 1 日起,用铂电阻地温传感器自动测量 5 厘米、10 厘米、15 厘米、20 厘米地温。

（十一）深层地温观测仪器

2004 年 1 月 1 日起,用铂电阻地温传感器自动测量 40 厘米、80 厘米、160 厘米、320 厘米地温。

第二节 中尺度灾害性天气监测网

2003年6月,第一批共3个自动气象站投入使用,分别建在民安、四九、烟岭3个镇。自动站为4要素站,分别观测气温、降水、风向、风速。在佛冈县气象局布设中心采集站,每小时通过电话自动拨号调取自动站数据,并通过网络向广东省气象局发报。按照清远市政府的要求,2007年开始建设第二批自动站。2007年建成的有水头、高岗、龙南3个自动站,2008年建成的有龙山、迳头2个自动站。至2008年底,已建成8个自动气象站,覆盖全县6个乡镇。每6分钟通过GPRS向广东省气象局发送观测资料,再通过内部网传回佛冈县气象局,见表7-2-1。

表7-2-1 佛冈县区域自动气象站分布情况表

序号	站名	区站号	经度	纬度	启用日期	站址环境
1	迳头镇烟岭	G2780	113°42′00″	24°02′00″	2003年6月16日	村镇
2	龙山镇民安	G2781	113°21′00″	23°48′00″	2003年6月16日	村镇
3	汤塘镇四九	G2782	113°35′00″	23°44′00″	2003年6月16日	村镇
4	高岗镇政府	G8350	113°34′45″	24°01′33″	2008年1月15日	村镇
5	水头镇政府	G8351	113°38′34″	23°52′51″	2008年1月15日	村镇
6	石角镇龙塘	G8352	113°26′34″	23°53′26″	2008年1月15日	村镇
7	龙山镇政府	G8353	113°24′22″	23°44′25″	2009年5月1日	村镇
8	迳头镇政府	G8354	113°39′21″	23°59′20″	2009年5月1日	村镇
9	县气象局(城东)	G8355	113°32′00″	23°52′00″	2010年3月1日	城市
10	汤塘镇政府	G8356	113°28′08″	23°45′00″	2010年3月1日	村镇
11	放牛洞水库	G8357	113°30′28″	23°53′59″	2010年3月1日	村镇

第三节 农村气象哨

农村气象哨是早期农业科技网络的组成部分,佛冈县气象哨有两次组建过程。1958年,潖江、佛冈、迳头3个公社成立气象哨。由于技术装备原因,资料可用性差,于1963年取消观测。1973年,第二次组建农村气象网络,有四九、汤塘、龙山、民安、龙南、三八、水头、高岗、迳头、烟岭等10个气象哨。由于人员技术和装备有较大改进,取得数据基本可靠。1980年后,因地方政府不再负担相关人员工资,上级业务部门也无经费,气象哨因此撤销。

第四节 气象通信

1956年9月11日02时开始观测发报,用人工送报。当天19时安装气象站到邮电局报房的专线电话后,天气报、重要天气报、航危报等都通过电话报到邮电局报房,再由报房通过电报向有关单位上传。由于受雷击等影响,专线电话经常出故障,需由观测员亲自送报到报房。

1986年起,使用PC-1500夏普袖珍计算机进行观测数据处理,由计算机编报取代人工编报。报文经人工校对后,仍通过专线电话进行传送。

1985 年,配置天气图传真机,接收广东省气象台和中央台下发的地面、高空天气图,以及中央和日本的数值预报资料。1987 年,配置甚高频无线对讲机,加速气象信息传递,及时进行天气会商。1994 年,建立微机预报业务系统,通过 IBM386 微机进行编报,通过拨号上网,实现与广东省气象局和清远市气象局计算机联网。1997 年,建成防灾减灾系统,通过计算机网络接收卫星云图资料。

1998 年底,租用电信部门线路建成 X.25 分组数据交换网,速率为 560K。天气报告改由网络传输,不再经过报房转发。天气实况图、传真图、卫星云图、雷达回波和指导预报产品,都通过该网传输。电报、传真和电话作为备用传输方式。

1999 年 9 月 31 日,卫星单向接收站系统(PC—VSAT)建成投入使用。单收站通过卫星天线,直接接收中国气象局下发的气象资料,经处理后通过 MICAPS 系统显示,内容包括世界各地天气实况、卫星云图、数值预报产品等。

2005 年,建成 SDH 数字电路,速率 2M,分组数据交换网停止使用。备用传输改由拨号上网为主,传真和电话为辅。由于网络改善,自动站报文时效由每小时传一次改为 6 分钟一次。乡镇自动站资料的上传,初期是由佛冈县气象局采集站通过电话拨号到各自动站主机调取资料,再通过气象局内部网上传广东省气象局,每小时一次。2006 年 4 月 28 日起,改用 GPRS 传输,即通过移动电话的 GPRS 功能,由采集器自动将信息发送到广东省气象局,再通过网络下发到佛冈县气象局,每 6 分钟一次。2008 年,建成新观测站,观测站与佛冈县气象局的信息传输通过光纤实现。

第五节　天气分析及预报

天气分析及预报是气象工作的目的和宗旨。天气预报是根据天气学原理,运用天气图、数值预报产品、本地历史资料,结合预报员经验,对未来天气变化状况做出的一个综合判断。天气预报按时效分,有短时预警、短期预报、中期预报、长期预报、气候预测等。

气象预报的发展主要有四个阶段。第一阶段是单站观云测天阶段。1958 年,佛冈县气象局开始制作天气预报,当时采用的主要是土办法,通过天物象、老农经验、泥鳅乌龟活动,结合本地温、压、湿变化制作预报。第二阶段是天气图加单站预报。1963 年,开始使用简易天气图等科学方法制作预报,逐步建立各种天气模式。第三阶段为天气图加数值预报阶段。1985 年,配置天气图传真机,接收地面图、高空图和数值预报资料,现代天气预报体系初步建立。1987 年,配置无线对讲机,使天气会商得到加强,在灾害性天气预报方面发挥出重要作用。第四阶段为现代气象预报阶段。1994 年,建立微机预报业务系统,实现与广东省气象局和清远市气象局计算机联网。1997 年,安装防灾减灾系统,可以从清远市气象局调取传真图、卫星云图、雷达回波等资料,天气预报能力得到较明显提高。1999 年,建成卫星单收站后,获取资料的能力明显提升,获取资料时效快、种类都多,从地面到高空、国内到国外、实况到数值预报产品都应有尽有,不再绘制天气图。2005 年,建成 2M 速率市—县 SHD 数字电路后,可以直接访问广东省气象局内部网,获取每 6 分钟更新一次的多普勒雷达资料,短时预警得以实现。2007 年,安装视频会商系统,每天收看中央台、广东省台会商,同时参与清远市气象台会商,天气预报预警能力得到明显提升。

短期天气预报项目有:天气现象;最高、最低气温;相对湿度;风向、风速;森林火险等级。

中长期天气预报始于1974年,主要预测春播期低温阴雨、前汛期强降雨和寒露风等,以后逐渐发展为旬、月、季报。2004年8月起,应用数值预报产品和广东省气象局指导预报产品,制作一周天气预报并对公众发布。2005年1月起,开始制作气候影响评价,对每月(年)的主要气候状况进行分析,并根据气候变化情况评做其对主要行业的影响,同时对下一月(年)份的天气趋势做好预测。

第八章 气象服务

广播作为唯一发布天气预报的方式,一直持续到 20 世纪末。1999 年,与电信部门合作,开通"121"电话天气查询业务,佛冈县气象局根据天气形势发展随时更新天气预报。2000 年 9 月 1 日起,电视台开始播发日常天气预报,由电视台制作,画面是文字描述。2004 年 8 月起,逢星期一固定在《佛冈新闻》中播出《一周天气展望》栏目,重大或转折性天气根据需要随时播出,由佛冈县气象局提供稿件,电视台制作。随着事业的发展,佛冈县气象局开始制作电视天气预报,覆盖范围精细到各个乡镇,并于 2007 年 11 月 1 日开始在电视台播出。

第一节 决策气象服务

2000 年以前,决策服务以电话向地方领导报告灾害性天气预报为主。2003 年 6 月,制定重大气象信息报告制度,通过《重大气象信息专报》《重大气象信息快报》《天气报告》等向领导报送重要气象信息。2006 年 2 月 8 日,开通决策服务系统,通过短信向各级领导报告气象信息。

2005 年 6 月 18 日 08 时至 23 日 08 时,佛冈县连降暴雨到大暴雨,其中烟岭镇 5 天累计雨量达 705.2 毫米。全县 6 个乡镇遭受较严重损失,因灾死亡 4 人,受灾人口 11 万多,直接经济损失达 1.37 亿元。佛冈县气象局主动服务,局领导亲自到三防指挥部汇报天气情况,书面报送决策材料 9 次,电话、传真报告预报及雨情 68 次,发电视新闻稿 3 份,为抗洪救灾提供及时、准确的决策依据,被佛冈县委、县政府授予"抗洪救灾先进集体"称号。

第二节 公众气象服务

一、广播电视天气预报

自 1958 年开始,广播作为唯一发布天气预报的方式,一直持续到 20 世纪末。每天下午制作一次 24 小时预报,通过电台向全县广播。遇有暴雨或低温霜冻等灾害性天气,增播"暴雨消息"或"低温消息"。为适应社会需要,佛冈县气象局与佛冈县广播电视局协商后,决定从 2000 年 9 月 1 日起,在电视台播出日常天气预报。由佛冈县气象局提供气象信息稿件,电视台负责制作后播出。因社会经济发展,对天气预报时效提出更高的要求,特别是沙糖桔种植业的推广,广大农民急需短、中、长期相结合的天气预报,以便合理安排生产。佛冈县气象台加强研究,2004 年 8 月起,将天气周报制作常态化。逢星期一下午发布未来一周天气趋势情况,通过佛冈县电视台《佛冈新闻》播出。2007年,佛冈县气象局购置一套非线性编辑系统,自主制作天气预报电视节目,11月1日起,佛冈气象局自行制作的天气预报节目在佛冈县电视台播出,预报范围由原来只预报县城,延伸到所有乡镇。

二、农业气象服务

春播期天气预报服务是农业气象服务的一项重点工作,由于此时段低温阴雨容易造成烂秧,遇有强降温和低温天气过程,佛冈县气象局都及时通知政府及有关职能部门,提醒做好防御工作。近几年佛冈县沙糖桔种植面积急速扩展,采收期的低温霜冻和长时间阴雨天气,都将带来严重影响。根据县政府要求,2008年起,1—2月制作沙糖桔采收期专题天气预报,时效为5天,每晚在县电视台滚动播出。

三、"12121"自动答询电话

1999年,佛冈县气象局与佛冈县电信局签定合作协议,共同开通"121"电话天气查询业务。由佛冈县气象局负责提供设备和日常维护,佛冈县电信局提供4条专线接入,24小时接受电话查询。根据上级电信主管部门的要求,查询电话于2005年改为"12121"。同时,为便于维护,答询系统统一设置到清远市气象局,佛冈县气象局只负责日常天气预报内容的更新。"12121"自动答询系统设有9个信箱,包括佛冈最新天气预报、一周天气展望、生活与气象、重要天气和天气实况、国内外城市天气预报、农业科技气象信息与村村通、气象法规与业务介绍、应急气象知识、报平安留言。

四、手机天气短信

2006年,佛冈县气象局与移动公司联合开展手机天气短信服务。具体天气预报由佛冈县气象台制作,通过内部网上传到清远市气象台,清远市气象台进行编辑后,通过广东省气象局业务平台向用户发送短信。根据用户需要,可订制晚间天气预报和早晨天气预报两种。用户只需发送短信"110763FG"到10620121,即可订制晚间天气预报,若要取消订制则发短信"00"到10620121。2008年,有天气短信用户约5000户。

五、气象预警

天气预警是气象服务中最为重要和紧急的一项工作,事关群众安全避险、政府组织防灾救灾和生产生活。相当长时间以来,由于制度、技术的限制,气象预警能力低,发布手段少,当佛冈县气象台预测将出现灾害性天气时,发布气象警报,主要通过广播对外发布。特别严重的,经佛冈县领导批准后,在电视台中插播。

广东省人民政府2000年9月18日发布《广东省台风、暴雨、寒冷预警信号发布规定》,气象预警发布制度得以建立,但仍处于探索阶段。根据该规定,气象部门只发布台风、暴雨、寒冷3种预警信号。由于佛冈只有一个观测站,中小尺度天气系统无法监测,各乡镇天气实况无从得知,预警信号发布能力先天不足。数值预报产品、卫星云图资料接收不及时,对预警发布指导作用也不大。由于受到设备限制,预警信号只能以走马字幕的形式在电视台播发。随着各乡镇区域自动气象站的建立,2005年又建成多普勒雷达回波接收系统,灾害性气象信息的收集和预判能力增强,对发布天气预警信号有重要意义。

2006年6月1日起,广东省政府修订的《广东省突发气象灾害预警信号发布规定》施行,《广东省台风、暴雨、寒冷预警信号发布规定》同时废止。佛冈县政府《关于转发广东省突发气象灾害预警信号发布规定的通知》(佛府办〔2006〕33号)要求,要对群众进行广泛宣传,提高全县应对突发气象灾害的能力,务求将各种灾害损失降到最低程度。根据该规定,气象预警信号从原来的3种增加到10种,包括:台风预警信号,分5级,分别以白色、蓝色、黄色、橙色和红色表示;雷雨大风预警信号,分4级,分别以蓝色、黄色、橙色、红色表示;暴雨、高温、寒冷、大雾、道路结冰、森林火险预警信号,分3级,分别以黄色、橙色、红色表示;冰雹预警信号,分2级,分别以橙色、红色表示;灰霾天气预警信号,以黄色表示。

预警信号发布更加完善,手段更加多样,主要有广播、电视、手机短信、12121、网络等形式,电视台也改以图标发布信号。佛冈县部分年份气象预警信号发布情况见表8-2-1。

表 8-2-1　佛冈县部分年份气象预警信号发布情况表　　　　　　　　（单位:次）

年份	台风	暴雨	寒冷	高温	大雾	雷雨大风	森林火险	小计
2001	5	4	7	—	—	—	—	16
2002		3	2	—	—	—	—	5
2003		4	4	—	—	—	—	8
2004		2	8	—	—	—	—	10
2005		12	11	—	—	—	—	23
2006	1	11	13	11		4	4	44
2007		8	7	3	1	7	6	32
2008		10	12	8		7	8	45
合计	1	47	55	22	1	18	18	183

第三节　专项气象服务

一、专业气象服务

1985年,国务院办公厅批准气象部门在搞好公益气象服务的基础上,对有关企、事业单位和个人开展有偿专业服务。4月30日,佛冈县政府印发《批转县气象局〈关于气象部门开展有偿服务的报告〉的通知》(佛府〔1985〕64号),指出气象工作与国民经济各部门关系密切,同意佛冈县气象局在做好公益服务的基础上,积极开展有偿气象服务,使各单位正确地运用各种气象信息,实现趋利避害,促进"四化"建设。

佛冈县气象局根据上级文件精神,成立专门服务小组,深入企事业单位调查了解实际需求,并与农、林、水、供销等与天气密切相关的单位签订专业气象服务合同,开展旬、月、季天气趋势预报、灾害鉴定、气象历史资料分析等服务。

二、防雷科技服务

1989年11月,经佛冈县编委批准成立佛冈县防雷设施安装检测所,主要从事防雷定期检测、新建建筑物分段检测、雷击风险评估、雷电灾害调查鉴定和防雷减灾科普宣传等。

建筑物防雷检测,最初因社会实际需要而开展。随着社会发展,安全生产变得尤为重要,防雷检测发展成国家强制性规定。按规定,一般建筑物每年需检测一次,易燃易爆、危险化学品场所每半年检测一次,确保防雷设施处于良好状态。

三、人工影响天气

1977年5月16日下午,佛冈县开展人工影响天气作业,由佛冈县气象局进行业务指导,具体操作由驻地部队完成。作业将20枚碘化银人工增雨弹发射到云中,增加凝结核,使降雨增多。受自然降雨和人工增雨共同影响,佛冈出现暴雨。

21世纪初,人工增雨改用火箭弹发射系统,由发射车、发射架、发射器、火箭弹组成。佛冈分别在龙山镇民安、石角镇三八、迳头镇烟岭设置发射点。由于佛冈县并未购置相关设备,作业由清远市气象局统筹安排实施。

第四节　重大气象服务事例

一、洪涝灾害气象服务

受9403号台风槽与冷空气共同影响,1994年6月10日和11日,佛冈县连续降大暴雨,48小时降水量341.4毫米,造成10个乡镇不同程度受灾。受灾管理区共48个,受灾人口12000,受洪水围困600人,受洪水浸的有石角镇(县城)和汤塘镇。损坏房屋156间(面积3700平方米),倒塌房屋10间(250平方米)。另有一小女孩过河时被淹死。经济损失378万元,其中农、牧、渔业损失147万元,工业、交通140万元,水利91万元。堤围因水冲击造成缺口12处,总长0.36千米。受灾农田0.196公顷,其中粮食作物0.193万公顷,经济作物0.035万公顷。

佛冈县气象局9日在分析天气形势后,向佛冈县委、县政府和县三防办等有关部门发布暴雨预报,要求及时做好防御洪涝灾害的准备工作。10日出现大暴雨后,向县政府等有关部门汇报雨情。11日10时,主动与韶关局联系,会商后预报白天仍有暴雨。县三防办接到预报后,发出紧急防汛通知,要求做好防御工作。实际情况是白天的降水量94.4毫米,预报准确。

由于防御得当,避免经济损失200多万元。县三防办称气象局是"防汛工作的尖兵"。

二、森林防火气象服务

森林防火和种植防火林带是气象服务的重点之一。由于种植防火林带的地区普遍都在山上,浇水十分不便。因此,选择有利的种植时机就成为防火林成活率的决定因素。为此,佛冈县气象局组织力量,专人落实防火林种植的气象保障工作。2001年在2月9日至7月15日期间(于2月9日、19日、23日、3月1日、4日、6日、8日、21日、23日、4月2日、19日、6月4日、12日、13日;7月15日),共提供15次中、短期预报,内容主要有:10天内天气变化趋势;转折性天气;短期降水量级预报,准确率为87%。县森林防火指挥部利用预报结论,趋利避害,抓紧有利时机种植防火林带,防火林带的成活率高达98%。同时,利用有利天气为防火林带施肥,林带长势良好,受到上级部门的表扬。

佛冈县森林防火指挥部对佛冈县气象局的预报服务十分满意,要求进一步加强合作,进一步搞好佛冈县的森林防火工作,共同为全县国民经济建设做出更大的贡献。

三、春旱气象服务

2002年发生春旱。针对前期降水量明显偏少的情况,经会商后,佛冈县气象局4月30日向县委、县政府及相关部门发出预报,指出5月上旬气温偏高,中前期无明显降水,旱情将继续发展,上旬末下旬初将出现大雨(与实况相符)。县领导十分重视,立即组织全县抗旱,"五一"长假期间,领导也带头坚守抗旱第一线。佛冈县气象局5月3日预测两天内仍无降水,6、7日有短时阵雨,10日以后可出现明显降水。5日预测7日有短时阵雨。8日预测明显降水将出现在11日前后。9日预测10日将有小到中雨。10日出现暴雨后,及时收集汇报雨情,指出旱情已基本解除。

本次春旱从年初开始,1—4月降水量偏少一半,全县出现干旱。5月1—6日无降雨,7、8、9日降水量仅9.4毫米,1—8日最高气温均超过32℃,旱情发展。10日出现暴雨,旱情基本解除。全县因旱少种1500公顷,作物受旱面积3800公顷,造成粮食损失0.9562万吨,经济作物损失0.1224亿元。

由于预报准确及时和领导重视,农业等部门及时调整农业布局,开展有效的抗旱救灾工作,增产粮食1.26万吨,经济作物0.017亿元,取得明显的经济效益和社会效益。农业部门和农民朋友的评价是:"及时、准确提供有关灾害性天气预报,为农业生产丰收做出贡献。"

四、大暴雨气象服务

佛冈县气象局在2002年7月18日17时根据会商后的结果,发出3天内将有暴雨降水过程的预报,建议要做好防御准备。20日7时,根据最新天气实况,分析形势,认为暴雨将持续,发布暴雨红色预警信号,并建议要迅速做好防洪工作。发布预警信号后,加强领导和值班工作,确保服务工作及时、准确进行。20日11时30分,再次发布暴雨预报,并提醒仍要做好抗洪救灾工作,此时,受灾群众在有关部门安排下,迅速安全转移。15时45分解除暴雨预警信号。17时预报夜间雨势将明显减弱,对救灾工作十分有利,但24小时内仍有大雨局部暴雨,抗洪工作仍不能放松。

此次暴雨过程从19日开始,由于前期降水偏少,起初并未造成灾害。20日早上雨势加大,各地出现暴雨或大暴雨,21日出现中雨并伴有8级大风。19—21日降水量达304.0毫米,其中20日早上到下午出现持续强降水。全县共有10个镇共10.4万人受灾,倒塌房屋146间,直接经济总损失0.18263亿元。农作物受灾面积1288.6公顷,成灾面积1209公顷。损坏堤防30处,公路中断2条,毁坏路基15770米,损坏输电线路3000米。

由于预报准确及时,救灾工作提前开展,没有造成人员伤亡,灾害损失减少到最低限度,取得较好的经济效益和社会效益。县三防指挥部对此十分满意,评价气象工作"预报准确,服务主动。能及时提醒做好防汛工作,将灾害减到最低。"

五、强寒潮气象服务

佛冈县气象局2002年12月24日17时发布强冷空气消息,预报强冷空气将在25日夜间影响佛冈县,平均气温下降8~10℃,最低气温下降到3~5℃,山区有霜冻,并伴有小到中雨降水过程。25日11时,根据最新资料分析后,发布寒冷黄色预警信号。14时,又发布题为"寒潮将影响佛冈县,请迅速采取防寒措施"的预报,同时提醒群众可能改发寒冷红色预警信号。26日8时,改发寒冷红色预警信号。17时发布"气温将继续下降,防寒不能放松"的预报,预报此次寒潮过程将是1999年以来最强的,最低气温1~3℃,有冰冻,并提出防寒建议。29日平均气温回升到7.7℃,早上9点钟解除寒冷预警信号。

此次寒潮过程从12月26日起,26日的平均气温比24日下降8.9℃,27日48小时降温达到9.5℃。27日平均气温仅3.5℃,最低气温2.1℃,北部山区出现较大面积冰冻。26、27日均出现中雨。寒潮过程共造成全县山林受害3655亩,农作物受害面积5223亩(其中果树2593亩、蔬菜2415亩、经济作物115亩、其他作物100亩),冻死禽畜2210只(头),冻死塘鱼2870千克,直接经济损失达909万元,没有出现人员伤亡。

此次湿冷天气过程十分罕见,但佛冈县气象局预报准确,县政府及时发出防寒通知,农业、林业等部门积极开展抗灾救灾工作,把灾害损失降到最低,并且避免人员伤亡。佛冈县科技和农业局对气象服务工作做出的评价是:"预报准确、及时。收到预报后,佛冈县气象局及时组织做好农业防寒工作,挽回经济损失近1000万元。"

六、连续性暴雨气象服务

2005年6月18日至6月25日,佛冈县气象局主动到三防指挥部汇报天气2次,向县委县政府及有关部门发送《重大气象信息专报》1份,《重大气象信息快报》5份,天气报告3份,以电话或传真向有关部门报告预报及雨情68次,发布电视新闻稿3份。6月8日,以《上半年降雨量比去年偏多五成,防汛工作不能放松》为题,向县领导发布《重大气象信息专报》,并预测19至21日,有一次较明显降水过程。18日和19日,分别发布暴雨预报,并通知"三防办"。20日04时05分,向"三防办"报告烟岭录得175.1毫米的大暴雨,08时25分向分管副县长和"三防办"汇报烟岭出现269.6毫米的特大暴雨。09时30分向县委、县政府报告局部性特大暴雨的具体情况,并预测未来几天仍有暴雨过程,建议做好防灾工作,安排好中考有关工作。16时58分至21日07时59分发布暴雨黄色预警信号。20日17时发布暴雨预报,报告县领导并通知全部乡镇领导,要求做好防御准备。当晚发布一周天气展望,预测21至23日有暴雨局部大暴雨降水过程。21日08时30分,以向县领导汇报烟岭自动站再次录得259.8毫米的特大暴雨,预测3天内天气仍不稳定,有暴雨局部大暴雨降水过程。12时58分再次发布暴雨黄色预警信号。15时发布暴雨预报,预测仍有较强降水。当晚起,每3小时向指挥部报告情况1次。22日10时向县委县政府报告烟岭暴雨情况,预测12时前将出现中到大雨,未来3天内仍有较明显降水,最大降雨时段可能出现在当天夜间到23日。16时50分向三防指挥部报告,预测两天内天气不稳定,有大到暴雨,局地可能出现强降雨,25日降水将减弱。23日凌晨01时45分,降雨有加大的趋势,县气象局做好监测、预报,并及时报告三防指挥部。07时07分,发布暴雨红色预警信号。08时20分再次以《重大气象信息快报》向指挥部报告,预测两天内仍有大到暴雨。

本次强降雨过程从6月18日08时至23日08时,连降暴雨到大暴雨,5天累计雨量分别为:烟岭705.2毫米,县城275.0毫米,四九288.7毫米,民安165.9毫米。烟岭连续录得 269.6 和 259.8 毫米的特大暴雨。全县 6 个乡镇遭受较严重损失，因灾死亡 4 人，受灾人口 11 万多，倒塌房屋 3875 间，农作物受灾面积 56656 亩，水产养殖损失 3056 亩，大量基础设施受损，直接经济损失达 1.37 亿元。

此次暴雨过程，预报准确，受到县委县政府和各部门的高度重视，充分发挥气象的决策参谋作用，为保障人民生命财产安全和抗洪救灾胜利发挥应有的作用，收到良好的社会效益和经济效益，佛冈县气象局因此被县委、县政府授予"抗洪救灾先进集体"称号，授予许沛林"抗洪救灾先进个人"称号。

七、龙舟赛及强降雨气象服务

受高空槽和切变线共同影响，2006 年 5 月 26—28 日佛冈县出现暴雨到大暴雨天气。26 日 08 时—28 日 08 时县城累计雨量 186.6 毫米、迳头镇（烟岭站）累计雨量 119.6 毫米、汤塘镇（四九站）累计雨量 66.4 毫米、龙山镇（民安站）累计雨量 110.0 毫米。28 日白天以后降雨明显减弱。全县受浸农田 1.2 公顷，水冲沙盖农田 0.5 公顷；国道、省道、县道塌方 7 处 1950 米，水库防汛公路塌方 3 条 5 处 1500 米；通讯线路毁坏 500 米；冲毁损坏水利工程水陂 7 宗，其中永久陂 5 宗，草木陂 5 宗，水涵闸 1 座，小水电发电站受损 12 座、水圳塌方 36 处 4500 米。合计经济损失 500 万元，其中水利水电损失 300 万元。

佛冈县气象局 5 月 22 日发布一周天气预报，预测 27—28 日受高空槽和切变线影响，佛冈县有一次大雨降水过程。5 月 24 日通过对最新天气资料的分析，向县委、县府发送《重大气象信息快报》，预报"佛冈县处于副高北缘，同时受切变线影响，本周天气不稳定，以阵性降雨天气为主，周末高空槽东移影响佛冈县，有一次较明显降水过程。"由于 28 日佛冈县举办首届龙舟赛，建议"由于降雨较多，气温回升不明显，适宜开展体育运动，后期可能出现短时雷雨大风等强对流天气，请注意做好应对措施。"25 日向三防办发布暴雨过程预报："预计未来 3 天受西风槽和切变线共同影响，佛冈县有一次暴雨降水过程，提醒注意做好防御工作。"三防办根据预报，立即组织有关部门做好防御准备。26 日以"佛冈县将有持续性暴雨，请注意防患"为题向县委、县政府、科技和农业局、三防办发送《重大气象信息快报》，预计 26 到 28 日有一次暴雨降水过程，局部伴有短时雷雨大风等强对流天气，并指出龙舟赛恰逢不稳定天气，请注意做好水上安全措施。27 日向县委、县府及三防办发送天气报告："由于低空切变线在佛冈县附近维持，未来两天仍将给佛冈县带来持续性的明显降水，局部地区可能出现强对流天气。"同时，联合县国土资源局发布地质气象灾害预警，要求做好地质灾害防御措施。28 日早上 10 时佛冈县举办首届龙舟赛。06 时起佛冈县降雨有所加强，07 时录得一小时雨量为 18.2 毫米的大雨；08 时通过对最新资料分析，预计当天白天佛冈县降雨明显减弱，以阴天为主，有阵雨，对龙舟赛影响不大。佛冈县气象局立即通过企通信向县、镇有关领导发送天气短信，赛事顺利进行。整个过程共发送《快报》2 份，《报告》1 份，发布暴雨预警信号 2 次，地质气象灾害预警 1 次，天气短信 446 人。

整个强降雨过程天气预报准确，服务积极主动，并适时提出合理的防御建议，政府及有关部门根据天气预报及进采取防御措施，把强降水造成大的损失减到最低程度，龙舟赛也顺利进行，取得良好的经济效益和社会效益。县府办的评价是：服务主动，预报准确，效果良好。

八、热带风暴"碧利斯"预报服务

受 2006 年第 4 号强热带风暴"碧利斯"外围影响,佛冈县出现一次暴雨降雨过程,7 月 15—17 日连续 3 天出现大雨或暴雨天气,县城共录得 178.3 毫米的雨量。同时,因受北江 洪水顶托倒灌,造成龙山镇凤洲联围堤防工程河田排站段洪水漫顶。全县经济损失共 5682 万元,受洪水围困群众 6.16 万人,转移受灾群众 5.4 万人,受浸房屋 15000 间,受损坏 房屋 1280 间,倒塌房屋 584 间,受浸农田 3668.5 公顷,水冲堤沙盖农田 420.2 公顷,成灾 面积 1300.7 公顷,失收面积 633.7 公顷;毁坏公路 16 处,长 7200 米,损坏输电线路 800 米,损坏通讯线路 1200 米;损坏堤防 5 条 16 处,长 3500 米,洪水漫顶决堤 2 条,缺口共长 450 米,塌方滑坡 7 处共长 800 米,管涌 23 处共长 2300 米;冲坏灌溉水利设施水圳 80 处, 长 4500 米,损坏引水陂 32 座。

11 日 09 时佛冈县气象局向县委县政府有关部门报告天气,指出"旬中期,受热带气旋 影响,有一次大雨到暴雨的降水过程",并提请各有关部门做好防御准备。13 日 15 时通过 电视台发布有关"碧利斯"动向的消息,预测周末有明显降水,其中 16 日阴天有大雨局部暴 雨。14 日 17 时向县三防办发布暴雨过程预报,并安排预报人员夜间值班。15 和 16 日分 别发布暴雨预报,15 日 12 时 49 分至 16 日 08 时 45 分发布暴雨橙色预警信号,16 日 16 时 30 分与县国土资源局共同发布地质灾害 4 级预警。17 日 10 时,发送《重大气象信息快 报》,报告本次天气过程情况,预测由于副高加强西伸,降水有望减弱结束,同时指出南部低 洼地区应注意北江水顶托可能造成的影响。因受北江洪水顶托倒灌,17 日 17 时 20 分,龙 山镇良塘村格海段出现险情,堤围塌方滑坡 120 米,收到灾情后,许沛林副局长与周国明立 即赶赴现场了解灾情,并组织开展应急气象服务,向县领导和出现险情地区发送最新天气 信息,一直到 20 日险情趋于稳定止。整个天气过程中,佛冈县气象局领导坚持一线带班, 预报人员一直坚持密切注意天气变化情况,及时向县委县政府及有关部门报告最新天气情 况,提供及时准确的天气预报。共发送《重大气象信息快报》1 份,《天气报告》1 份,暴雨预 报 3 次,预警信号 2 次,地质气象灾害预警 1 次。

整个过程预报准确,服务紧扣抢险救灾,政府及有关部门及时组织群众转移,开展救灾 工作,确保大灾面前没有造成人员伤亡,损失也降到最低程度,县政府的评价是:服务主动, 预报准确,效果良好。

九、持续异常低温阴雨服务

2008 年 1 月 13 日至 2 月 10 日,佛冈县出现历史罕见的长时间低温阴雨天气,期间总 降水量达 133.4 毫米,日平均气温 7℃ 以下的天数达到 14 天,日平均气温 12℃ 以下的天数 超过 30 天,创下两项历史记录。低温阴雨灾害造成全县 4.4 万人受灾,农作物受灾面积 33950 亩,其中沙糖桔受灾 23750 亩,经济损失 4175.1 万元,鱼塘受灾 7500 亩,直接经济损 失 1125 万元,全县农业直接经济损失 16947 万元。

1 月 3 日到 2 月 10 日期间,针对佛冈县沙糖桔即将大量上市的情况,佛冈县气象局为 果农提供 5 天的滚动天气预报,并通过广播电视等手段对外服务。1 月 11 日 16 时 30 分发 布第 2 期《快报》,预测强冷空气将于 13 日影响佛冈,12 日 11 时 40 分发布寒冷黄色预警信号。13日,强冷空气如期南下,佛冈最大降温达12.5℃。1月21日,佛冈县气象局通过电视新闻发布预报,预测"26日前后有小到中雨,天气阴冷"。1月24日11时30分发布第3期《快报》,预测"25日起佛冈县将有一次中雨以上量级的降水过程",并于17时09分发布寒冷橙色预警信号,通过气象短信发送到各级领导和果农手中。同时还分别向佛冈县常务副县长刘恩银和分管气象的副县长廖振灵就相关天气情况作汇报。25—26日,佛冈县出现中到大雨降水,气温降到5℃以下,日平均气温也仅有6.3℃和5.1℃。27日15时30分佛冈县气象局发送第1期《重大气象信息专报》,向县领导、农业、交警、安监、电力、三防、民政等部门报告天气,为果农提供天气信息,提出防御建议,为防灾救灾和春运工作提供气象预报服务和合理建议。向分管气象的副县长和县府办主任汇报,建议继续组织做好应对工作。28日早上,邀请电视台记者进行采访,宣传报导佛冈县气象局的预报服务工作,告知广大群众灾害天气还将持续,要继续做好应对工作。29日下午15时,发布第4期《快报》,指出"冷空气不断补充寒冷阴雨天气持续",预测2日以前还有较明显降雨。莫汉锋局长再次向分管气象的副县长报告天气。31日15时,向县委、县政府及各相关职能部门发送第5期《快报》,预测"未来一周冷空气活动频繁,1到2日有小到中雨,寒冷天气持续;3到4日雨势减弱,以阴天为主,但天气仍然寒冷。"县气象局局长和副局长分别于早上和下午向廖副县长汇报天气情况。2月2日出现中雨降水后,雨势大大减弱,5日后降水基本停止,预报准确。1月中旬到2月上旬,佛冈县气象局共发送《快报》5期,《专报》1期,邀请电视台采访4次,发布寒冷信号3次,决策服务短信8000多条,通过农信通发布5天滚动预报26次。

良好的气象预报服务使灾害损失大大降低,取得很好的经济效益和社会效益。无论各级领导还是普通群众,对佛冈县气象局的服务都表示满意。廖振灵副县长在多个场合中都表扬县气象局主动、及时提供准确的预报信息,很大程度降低灾害损失。

十、大暴雨气象服务

2008年6月12—13日受低压槽和西南暖湿气流影响,全县普降暴雨局部大暴雨。佛冈县气象观测站累计降水量为162.5毫米;高岗自动站录得全县最大累计降水量260.6毫米,其中13日17—18时两小时雨量达103.6毫米;四九自动站录得累计雨量227.6毫米。15日北江上游洪峰到达飞来峡,对潖江水造成顶托,16—18日继续出现大到暴雨降水天气,县城3天降水量达到132.7毫米。全县经济损失共计3086万元,其中,农业方面损失1575万元,水利设施损失880万元,工业交通运输业损失460万元。受灾人口27500,受浸农田18000亩,损坏农田430亩,农作物减产1410吨,死亡大牲畜70头,受浸鱼塘820亩。

佛冈县气象局6月9日15时通过电视台发布一周天气预报,预测12日和13日有大到暴雨,并指出强降水持续,注意防御局地强降水引发的洪涝和地质灾害。12日10时00分向政府及有关部门发布《快报》,预计13日有暴雨局部大暴雨,并通过决策服务系统发送短信,建议加强值班,迅速做好防御工作。12日14时39分发布暴雨黄色预警信号,16时和国土资源局联合发布地质灾害三级预报,20时02分改发暴雨橙色预警信号,并向分管气象的县领导汇报,建议加强值班,迅速做好防汛工作。14日07时58分解除暴雨橙色预警信号。强降雨出现期间,还不定时向"三防"部门汇报雨情和天气预报。15日发布暴雨预报,并通知三防部门,通过企信通将预报发送给相关人员。16日通过电视台发布一周天气预报,预测17—18日仍有大到暴雨,提请相关部门注意防御强降水引发的山体滑坡、崩塌和危房倒塌等地质灾害。本次过程以媒体采访形式发布强降雨预报两次,暴雨预报4次,暴雨黄色预警信号1次,地质灾害气象预报4次,暴雨橙色预警信号1次,决策服务短信7次,向县领导汇报1次。群众反映,预报准确、服务主动及时,为防灾、减灾、救灾工作提供良好的决策依据。

十一、热带风暴"风神"服务

受2008年6号热带风暴"风神"登陆减弱后形成的低压槽影响,佛冈县6月26日出现特大暴雨天气,其中最大降水量出现在县城,达266.3毫米,最大一小时降水量93.4毫米也出现在县城。其他各站雨量分别为:四九165.7毫米,民安165.2毫米,烟岭158.4毫米,高岗176.1毫米,水头252.3毫米,龙南163.6毫米,此次降雨过程具有强度大、范围广、时间长等特点,造成城市内涝、河水暴涨、农田受浸。全县经济损失3800万元,其中农业方面损失2100万元,水利设施损坏900万元,交通工业损失800万元。全县受灾人口35000,共有20多条村受浸,2所中学受浸,紧急转移群众2000多人,受浸房屋640间,4条村镇公路山体塌方中断,冲毁小山塘5座、交通涵洞3座。

针对这次强降雨过程,佛冈县气象局严密监测,准确预报,及时发布预警信息和雨情。24日17时通过决策短信,向有关防汛责任人报告佛冈县将受"风神"影响。22时台风路径发生明显改变后,再次通过短信报告25至26日有暴雨,并建议做好防御工作。25日早上08:30,通知三防,"风神"对佛冈县有较大影响,建议加强值班,做好防御工作。25日10时向县委、县政府和三防等部门报送题为《受"风神"影响,佛冈县有暴雨》的快报,指出"风神"登陆后将减弱形成低压区,造成大范围降水,对佛冈县有较大影响。并向副县长廖振灵汇报,廖副县长立即指示,发决策短信,并通过电台、电视发布消息。同时要求县政府办公室下发防台通知。11时通过短信报告26日将有暴雨局部大暴雨。26日08时11分发布暴雨橙色预警信号,12时21分改发暴雨红色预警信号,17时发布3级地质灾害气象预报。26日夜间,分别向常务副县长、县人大副主任,分管副县长汇报天气情况、局部受灾情况及天气趋势。强降水发生期间,又及时向有关部门报告雨情,提醒做好防御工作。此次过程,共发送《快报》1期,发布电视新闻稿2份,向县领导汇报5次,发布暴雨及强降水预报2次,暴雨预警信号3次,发送短信11条近3000人次。准确的预报服务和有效的防御措施,使经济损失大大降低,灾害未造成人员伤亡,气象预报服务取得较好的经济效益和社会效益。

第九章　气象社会管理

2008年11月13日，佛冈县政府印发《佛冈县气象灾害应急预案》（佛府办〔2008〕54号），内容包括总则、气象灾害分级、监测与预警、信息发布、应急启动、部门联动与社会响应、灾害评估、保障体系以及宣传与培训等9个方面。

2008年底，佛冈县气象局有探测环境保护、施放气球、防雷减灾和天气预报发布等管理职能。1989年，成立防雷设施安装检测所后，防雷管理职能得到确认。2001年，加入佛冈县安委会，防雷管理工作得到加强。2004年2月，在佛冈县行政服务中心设立气象"窗口"，受理防雷设计审核、验收和施放气球等行政审批工作。2005年起，开始管理施放气球工作。2006年，气象探测环境保护作为前置审批项，纳入规划部门的管理。

佛冈县气象局对气象行政审批的办事程序、服务内容、收费依据、服务承诺等向社会公开。在气象"窗口"印发《佛冈县气象局防雷报审验收指南》。2008年11月，作为佛冈县的试点单位，进入"佛冈县电子政务系统"。

第一节　探测环境保护

气象探测环境符合标准要求是准确获取气象信息、制作天气预报，为社会经济发展和防灾减灾服务的前提。为保护气象探测环境，《中华人民共和国气象法》《气象探测环境和设施保护办法》等法律法规都作明确的规定。

1956年建站时，位于佛冈县城东郊，附近为农田，探测环境好。随着社会发展，20世纪80年代有关部门计划在观测站西南侧建设"教师村"。佛冈县气象局获知情况后，立即向县政府和上级气象部门汇报，最终得到妥善处理，气象探测环境没有被破坏。

佛冈县气象局在自身做好探测环境保护的同时，加强与规划建设部门沟通协调。2004年12月20日，向佛冈县规划办发出《关于要求做好气象探测环境保护规划的函》（佛气函〔2004〕2号），要求依法保护好气象探测环境。2005年1月18日，又按照上级部门的要求，向规划部门发出《关于要求做好气象探测环境保护的函》（佛气函〔2005〕1号），5月10日向规划办发出《关于佛冈县气象探测环境保护技术规定备案的函》（佛气函〔2005〕2号），报送有关保护气象探测环境的备案材料。2007年12月14日，佛冈县气象局重新向规划办报送《气象台站探测环境和设施保护标准备案书》，规划办以县政府已经提出搬站及不符合《佛冈县石角镇总体规划（2005—2025）》为由，对现址不予备案，对新址进行备案。

由于佛冈县经济社会发展，县城东扩，造成对气象探测环境影响较大。2007年2月2日，广东省气象局副局长许永锞在清远市气象局领导陪同下，与县政府商谈保护好探测环境问题。佛冈县县长严小康和副县长廖振灵介绍佛冈最近几年的发展情况和气象探测环境保护工作情况，提出为利于长远保护探测环境，解决探测环境保护和地方经济发展之间的矛盾,应将观测场迁到更合适的地方,现址作为城市气候观测站的建议。并正式向广东省、清远市气象局和清远市政府发出《关于要求搬迁佛冈县气象局的函》(佛府〔2007〕5号),要求将气象局搬到更合适的地方。2007年5月21日,佛冈县政府发出《关于县气象探测站建设用地安排的决定》(佛府〔2007〕27号),划拨县政府西侧9.94亩地作为探测基地建设用地。9月1日,新观测站建设工作正式启动。2007年10月31日,中国气象局计财司司长于新文在广东省气象局副局长林献民、计财处处长徐安高和清远市气象局局长刘日光陪同下,到佛冈县气象局视察工作。于司长就探测环境保护工作提出意见和建议。副县长黄镇生陪同接待于司长一行,介绍佛冈县社会经济发展情况,并提出搬迁气象观测站的要求。随后于司长一行还视察观测站新址。2008年1月17日,清远市气象局张广存和梁锴到佛冈县气象局开展探测环境执法工作,并对明珠花园破坏气象探测环境一案启动行政执法程序。2008年2月14日,广东省气象局局长余勇在办公室、业务处、法规处领导和清远市气象局局长刘日光的陪同下,到佛冈县气象局视察指导探测环境保护工作。要求加快气象探测基地建设步伐,3月中旬安装好仪器,4月1日前开展对比观测。副县长廖振灵接待余局长一行。2008年3月10日,佛冈县气象局向佛冈县篁胜国际酒店报送《关于要求依法保护气象探测环境的函》,要求按照《中华人民共和国气象法》和《气象探测环境和设施保护办法》保护好新观测站。经协调,篁胜国际酒店同意执行有关规定,仰角控制在5.71°以下,以符合探测环境要求。2008年3月11日,广东省气象局大探中心到新观测站安装仪器,4月1日正式开始自动站对比观测。2008年4月21日,正式取得新观测站9.94亩地的国有土地使用证。2008年11月6日,中国气象局监测网络司司长周恒在广东省气象局副局长许永锞的陪同下,到佛冈县检查探测环境保护情况。周司长一行察看气象观测站和新的探测基地,并对探测环境保护工作提出严格的要求。清远市气象局局长刘日光汇报新旧站址对比观测半年多来气象资料的分析使用情况。2009年1月1日,位于县政府西侧的观测站正式启用,旧址作为城市气候观测站,不再适用国家基本站的保护规定,相关保护和执法工作同时终止。

第二节　防雷减灾

一、机构设置

1989年11月,经县编委批准成立佛冈县防雷设施安装检测所,股级单位,从事防雷检测和工程服务。2002年3月,根据机构改革要求和政企分开原则,原名佛冈县防雷设施安装检测所更名为佛冈县防雷设施检测所,不再从事防雷工程业务。经清远市气象局批准,2003年11月,成立佛冈县防雷工程技术开发中心,参与市场竞争,从事防雷工程服务。防雷设施检测所主要从事防雷定期检测、新建建筑物分段检测、雷击风险评估、雷电灾害调查鉴定等。检测的业务包括直击雷、SPD。防雷服务的推进,一方面保障人民生命财产安全,另一方面也为气象部门经费不足提供很好的补充。

二、防雷综合管理

2001年,佛冈县气象局加入县安委会,安全管理能力得到明显提升。每年不定期联合建设、安监、旅游等部门,深入基层企业检查执法,收到明显效果。2004年2月,在佛冈县行政服务中心设立窗口,专门负责受理防雷报审工作。

三、防雷安全检测

为防雷减灾,保障人民生命财产安全和国家财产的安全,1989年11月28日,佛冈县编制委员会批准成立佛冈县防雷设施检测所(佛编〔1989〕41号文),为佛冈县气象局下属正股级单位。其职能是在市防雷减灾办公室和佛冈县安全生产委员会的指导下,负责全县防雷设施的管理,防雷设施设计施工图技术审查和检测工作。1997年1月18日由广东省第八届人大常务委员会第十六次会议通过的《广东省气象管理规定》第十三条明确规定防雷工作由气象主管部门管理。1999月3月2日广东省人民政府颁布《广东省防御雷电灾害管理规定》(粤府〔1999〕21号),规定县级以上气象主管部门负责本行政区域的防雷减灾工作,进一步规范防雷减灾的管理和防雷设施检测。2000年1月1日实施的《中华人民共和国气象法》第三十一条也从法律上明确各级气象主管机构对防御雷电灾害的组织管理和检测。

1994年3月,佛冈县防雷设施检测所通过广东省技术监督局的计量认证,证书编号:(94)量认粤字L0457号,开展对新、旧建(构)筑物防雷设施,易燃、易爆场所防雷设施,石油化工防雷设施及电子、电气系统防雷设施4个项目检测工作。1999年3月又通过广东省技术监督局的计量认证复查,2003年着手计量认证转版工作,2006年5月正式通过转版工作。

防雷设施检测工作以《建筑物防雷设计规范》(GB50057-94)(2000年版)、《汽车加油加气站设计与施工规范》GB50156—2002(2006年版)等国家标准为准绳,执行广东省防雷中心制定的检测工作规定,坚持"安全第一、质量第一、信誉第一"的原则,对全县80%以上的防雷设施进行年度定期检测,95%的新建防雷设施进行检测。整改一批不合格的防雷设施,消除雷灾隐患,提高人民群众的防雷减灾意识。2008年,共对32个危险化学品和易燃易爆场所的防雷设施进行年检。审批43个建设项目,发出防雷设施设计审核书105份,防雷设施验收合格证68份,防雷设施定期检测合格证94份。

第三节　施放气球管理

根据《通用航空飞行管制条例》、《施放气球管理办法》及《广东省施放气球管理办法》等法律法规的规定,2005年起,开展施放气球管理工作。对施放气球作业人员实行资格管理,施放气球的作业人员必须经广东省、清远市气象局有关部门培训合格,取得上岗资格,领取《施放气球资格证》后方可从事施放气球作业。对从事施放气球活动单位实行资质管理制度,从事施放气球活动的单位应当向气象局提出书面申请,经评审合格后,依法取得《施放气球资质证》后方可从事施放气球工作。

第十章　精神文明建设

第一节　精神文明建设历程

一、第一阶段（1978年以前）

气象部门的精神文明建设主要内容是,全面贯彻毛主席的革命路线,坚定正确的政治方向,"抓革命、促生产",开展农业学大寨运动,争先创优为主要内容。佛冈县气象站获得全国气象部门"双学"（工业学大庆,农业学大寨）先进集体称号,受到中央气象局的表彰奖励。佛冈县气象站站长易昌启在北京出席先代会领奖时,受到国家主席华国锋等国家领导人的接见。

二、第二阶段（1978—1988年）

主要是围绕社会主义"四化"建设的目标,在气象部门内开展"四有"教育,开展"五讲四美三热爱"活动,开展社会主义劳动竞赛,组织学习《关于建国以来党的若干历史问题的决议》,通过总结经验,进行指导思想上的拨乱反正,使社会主义精神文明服务于党的新时期总任务。1981年起,遵照上级部署开展"五讲四美三热爱"活动,教育广大职工树立社会主义道德,改变不良风气,治理"脏、乱、差"现象。1985年以后,开展以理想、纪律为中心的"四有"（有理想、有道德、有文化、有纪律）教育,开展"三爱"（爱气象、爱站台、爱岗位）活动,开展社会主义劳动竞赛。这一阶段获得厅级以上表彰奖励的有5人次。1988年5月,钱桂华被广州市政府授予"广州市劳动模范"称号

三、第三阶段（1989年后）

精神文明建设主要围绕党把工作重心转移到社会主义现代化建设上来的中心工作,结合自身实际开展思想政治工作。通过学习教育,使广大气象干部职工深刻领会、治理整顿、深化改革的重大意义。明确气象部门治理整顿,深化改革的重点和任务,坚定贯彻党的"一个中心,两个基本点"的基本路线。制定精神文明建设工作目标,将文明创建工作纳入工作考核,加强党风廉政建设和政治思想工作,开展世界观、人生观、价值观和集体主义、爱国主义教育,树立良好职业道德。

1989—2001年,佛冈县气象部门的精神文明建设以贯彻《中共中央关于加强社会主义精神文明建设若干主要问题的决议》及广东省委《关于加强思想道德文化建设的决定》为重点,广泛开展创建文明单位和争当文明气象员活动。1998年3月,佛冈县气象局被评为"文明单位",测报组被评为广东省先进测报组。该时期气象局共获得县处级以上先进5

次,个人获得省部级以上先进 3 人次,厅级先进 3 人次。

2002 年,成立以佛冈县精神文明建设领导小组,组长由局长莫汉锋担任,加强对精神文明建设工作的领导。精神文明建设活动主要围绕以下内容开展:

一是以邓小平理论和"三个代表"重要思想为指导,认真贯彻落实科学发展观,以"内强素质、外塑形象、敬业爱岗、奉献社会"为主题,弘扬气象行业新风,构造和谐气象部门。

二是以贯彻落实《公民道德建设实施纲要》为重点,把公民道德建设和职业道德建设有机结合起来,加强职业道德教育,树立"准确及时,优质服务"的职业准则。

三是贯彻国务院总理温家宝提出的,气象部门要建设成"四个一流"(一流的技术,一流的设备,一流的工作,一流的气象台站)新型台站的指示,在气象部门内掀起争创"四个一流"新型台站高潮。

四是坚持对干部职工进行科学文化知识和业务技能培训,围绕实施人才战略,抓好在职学历教育,引进高学历专业人才,提高队伍素质。

五是加强行风建设,建立气象服务投诉电话,落实局务公开制度,塑造气象行业形象,弘扬气象人精神。结合气象工作特点,健全和完善服务标准,做好气象服务窗口建设。

六是营造人文环境,广泛开展各类文体活动。通过足球、乒乓球、羽毛球比赛等活动,使干部职工在紧张的工作中释放出来,调节心情,增强队伍的凝聚力和战斗力。

该时期精神文明建设工作得到高度重视,取得明显效果。2005 年,佛冈县气象局被共青团广东省委授予"广东省青年文明号"。2008 年,被佛冈县委、县人民政府授予"文明单位"称号。单位共获得厅级先进 9 次,县处级 7 次。个人获得部级先进 1 人次,厅级 5 人次,县处级 9 人次。

第二节　精神文明建设制度与措施

佛冈县气象局通过加强学习教育,提高思想认识,牢固树立全心全意为人民服务的工作理念,积极推进各项工作,大力提高气象服务业务能力,通过一系列教育活动来提高员工的文明服务意识。

(一)思想政治学习

组织学习邓小平理论和"三个代表"重要思想,提高执政为民的意识。开展以实践"三个代表"重要思想为主要内容的保持共产党员先进性教育活动,结合自身实际,提出本单位保持先进性的具体要求,制定落实"保先"的具体措施。

(二)气象职业道德教育

建立并推进十字服务要求:"主动、及时、准确、科学、高效",营造一个礼貌待人、文明服务、讲职业道德、守职业道德的良好工作氛围。

(三)民主与法制教育

按照"四五"普法和上级部门的要求,认真开展好普法工作,引导全体干部职工学法、守法,进而提高执法能力,促进依法施政。

(四)整顿机关作风活动

以"增强责任意识,优化工作质量,提高服务水平"为主题,通过大力弘扬"服务发展、服务基层、服务群众"精神,解决机关干部在思想、作风、纪律上存在的突出问题。五是贯彻落实《公民道德建设实施纲要》，积极开展"爱国、守法、诚信、知礼"现代公民教育活动。通过各种教育活动，形成爱岗敬业、诚实守信、办事公道的职业道德风尚，激发广大干部职工服务群众、奉献社会的工作热情，创建出文明的环境，创造出优质的服务。

（五）建立健全规章制度

建立优化服务的长效机制，先后制定一系列的管理规章，包括局务公开制度、预报服务管理办法、测报管理办法、防雷检测管理办法、窗口服务管理办法、目标考核管理办法等。通过制度，既保证将单位信息及时向群众公布，接受群众监督，又规范工作人员的职责，将目标管理与服务质量挂钩，充分调动工作积极性。建立群众投诉处理机制，对服务态度差、不按规定办事的，严格按照管理规定进行处罚。建立教育培训制度，不断提升工作人员的业务能力和工作效率。

（六）改善设施，营造良好环境

按照《新型台站实施方案》要求，加大环境整治力度。搞好绿化，绿化面积与建设面积达到1比1。建成防灾减灾业务楼，改善办公环境，配备配置高性能的计算机、打印机、传真机等设备，建设与上级部门连接的宽带网以满足服务需要，适应气象现代化建设需要。

（七）丰富业余生活，营造健康向上气氛

在做好对外服务的同时，还重视引导干部职工从事健康的业余活动。培养终身教育观，干部职工积极参加继续教育，自觉提高科学文化素质。设置局务公开栏、党务公开栏、廉政宣传栏、科普宣传栏，设有阅览室，营造积极向上的工作氛围。加强体育锻炼，组建足球队，坚持每天开展体育运动，既丰富业余生活，锻炼身体，减轻工作压力，还增进同事之间的友谊。多彩的生活培养健康的人生观，良好的工作氛围阻挡住社会的不良之风。

第五篇 人才队伍与科研

第十一章 人才结构和职工教育

第一节 人才结构

佛冈县气象站自建立到 20 世纪 90 年代初,专业技术人员都是以中专文化程度为主,或者通过短训班培养,成长为业务技术骨干,担负着全站的业务技术工作。1997 年,有 1 人通过进修,取得大学本科学历,佛冈县气象局才有本科学历人员。2004 年,分配 1 名全日制本科生到佛冈气象局。此后,通过进修和引进,大学生不断增多,2008 年共有本科学历 3 人,大专 11 人,人员素质得到明显改善。

专业技术人员方面,1990 年,有中级职称 5 人,初级职称 8 人;2000 年,有中级职称 3 人,初级职称 5 人;2006 年,有中级职称 1 人,初级职称 8 人;2008 年,有中级职称 2 人,初级职称 7 人,见表 11-1-1。

表 11-1-1 佛冈县气象局专业技术人员情况表 （单位：人）

年度	单位总人数	男	女	党员	团员	群众	科级	股级	文化程度				职称	
									本科	大专	中专	高中以下	中级	初级
1990	14	9	5	6	1	7	2	4	0	1	12	1	5	8
1991	13	9	4	5	1	7	2	3	0	1	11	1	4	9
1992	15	11	4	6	1	8	2	3	0	1	13	1	4	9
1993	12	10	2	4	2	6	2	3	0	1	10	1	3	8
1994	12	10	2	4	2	6	2	3	0	1	10	1	4	7
1995	11	9	2	3	2	6	2	3	0	1	9	1	5	6
1996	11	9	2	3	2	6	2	3	0	1	9	1	6	5
1997	11	10	1	3	3	5	2	5	1	0				
1998	11	11	0	3	4	4	2	5	1	1	7	2	6	3
1999	11	11	0	3	5	4	2	5	1	2	6	2	5	4

续表

| 年度 | 单位总人数 | 男 | 女 | 党员 | 团员 | 群众 | 科级 | 股级 | 文化程度 | | | | 职称 | |
									本科	大专	中专	高中以下	中级	初级
2000	10	9	1	2	6	3	2	4	1	2	5	2	3	5
2001	12	10	2	3	7	2	2	3	1	3	5	3	2	5
2002	12	10	2	3	7	2	3	3	1	3	5	3	2	6
2003	13	10	3	4	6	3	3	3	1	5	4	3	2	6
2004	15	12	3	4	8	3	3	3	2	7	2	4	2	7
2005	15	12	3	4	7	4	2	3	3	6	2	4	2	8
2006	13	10	3	5	5	3	2	4	2	7	1	3	1	8
2007	14	11	3	4	5	5	2	4	2	11	0	1	1	8
2008	15	11	4	6	2	7	2	2	3	11	0	1	2	7

第二节 在职教育

佛冈县气象局积极鼓励干部职工参加学历教育,采取经费上给予支持、时间上给予方便、工作上给予照顾等措施,形成良好的学习风气,干部职工纷纷参加各类在职深造。2008年,15名在职人员中,有13人已经毕业或正在参加大专或本科在职教育,见表11-2-1。

表 11-2-1 1993—2008 年佛冈县气象局在编人员在职教育毕业统计表 （单位：人）

学历	1997	1998	1999	2000	2001	2002	2003	2004	2005	2006	2007	2008	合计
大专	0	1	1	0	0	0	2	2	0	1	3	0	10
本科	1	0	0	0	0	0	0	0	1	0	0	1	3

针对技术人员的业务培训,每年都安排人员到上级气象部门参加各类培训,以掌握新技术、新方法。2007年2月,中国气象局培训中心网开通远程培训服务,所有干部职工通过各自帐号,直接登陆网站接受教育,不仅能第一时间获取最新业务知识,还能合理安排各人学习时间,不影响正常工作。

第三节 荣誉录

1978—2008 年,佛冈县气象局共获集体荣誉 26 项,个人获得部级荣誉 8 项,见表 11-3-1 至表 11-3-3。

表 11-3-1 佛冈县气象局获得的主要集体荣誉

单位	授予名称	命名单位	授予时间	获奖级别
佛冈县气象站	全国气象部门"双学"先进集体	中央气象局	1978 年 10 月	部级
佛冈县气象局	文明建设先进单位	县委、县政府	1984 年 7 月	县处
	文明建设先进单位	县委、县政府	1987 年 2 月	县处
	文明单位	县委、县政府	1988 年 2 月	县处
	文明单位	县委、县政府	1998 年 3 月	县处
	1999 年度档案工作先进单位	县委、县政府	2000 年 2	县处

单位	授予名称	命名单位	授予时间	获奖级别
佛冈县气象局	1999年广东省先进测报组	广东省省气象局	2000年3月	厅级
	2000年广东省先进测报组	广东省省气象局	2001年3月	厅级
	2001年广东省先进测报组	广东省省气象局	2002年3月	厅级
	2002年广东省先进测报组	广东省省气象局	2003年3月	厅级
	2003年广东省先进测报组	广东省省气象局	2004年3月	厅级
	2004年广东省先进测报组	广东省省气象局	2005年3月	厅级
	2005·6月"抗洪救灾先进集体"	中共佛冈县委、县政府	2005年7月	县处
	2005年度重大气象服务先进集体	广东省省气象局	2005年6月	厅级
	2006年广东省先进测报组	广东省省气象局	2007年3月	厅级
	文明单位	中共佛冈县委佛冈县人民政府	2008年3月	县处
	文明单位	中共清远市委清远市人民政府	2010年3月	市级
佛冈县气象局行政服务窗口	2004年度文明窗口	佛冈县人民政府行政服务中心	2005年1月	县处
	广东省青年文明号	共青团广东省委	2005年8月	省级
	青年文明号	共青团清远市委	2005年12月	市级
	清远市五十佳文明示范窗口	中共清远市委、市人民政府	2005年12月	市级
	2005年度文明窗口	佛冈县人民政府行政服务中心	2006年1月	县处
团支部	2004年度县先进团支部	共青团佛冈县委	2005年4月	县处
党支部	2005年度先进党支部	中共佛冈县农委	2005年7月	县处
党支部	先进基层党组织	中共佛冈县委	2007年7月	县处

表11-3-2　佛冈县气象局获得省部级以上综合表彰的先进个人

姓名	授予名称	命名单位	授予时间	获奖级别
钱桂华	质量优秀测报员	国家气象局	1987年1月	部级
	从事气象工作三十年以上为我国气象事业的发展作出贡献	国家气象局	1988年9月	部级
	双文明建设先进个人	国家气象局	1989年4月	部级
	质量优秀测报员	国家气象局	1990年11月	部级
	质量优秀测报员	中国气象局	1993年12月	部级
林章昭	从事气象工作三十年以上为我国气象事业的发展作出贡献	国家气象局	1988年9月	部级
林清莲	质量优秀测报员	国家气象局	1990年11月	部级
谭光洪	质量优秀测报员	中国气象局	2003年3月	部级

表11-3-3　获得省部级以下综合表彰的先进个人

姓名	授予名称	命名单位	授予时间	获奖级别
钱桂华	全省气象先进工作者	广东省气象局	1982年4月	厅级
	广州市优秀共产党员	中共广州市委员会	1987年6月	厅级
	广州市劳动模范	广州市人民政府	1988年5月	厅级
	全省气象部门先进工作者	广东省气象局	1991年3月	厅级

姓名	授予名称	命名单位	授予时间	获奖级别
杨衍杜	广东省农业技术推广二等奖	广东省农业技术推广奖评选委员会	1992年4月	厅级
欧阳洛	广东省农业技术推广二等奖	广东省农业技术推广奖评选委员会	1992年4月	厅级
郑从校	广东省农业技术推广二等奖	广东省农业技术推广奖评选委员会	1993年4月	厅级
曾毓晓	广东省农业技术推广二等奖	广东省农业技术推广奖评选委员会	1993年4月	厅级
温金泉	2001年度省防雷先进个人	广东省气象局	2002年2月	厅级
	2008年度先进个人	清远市气象局	2009年2月	县处
陈若君	2004年度优秀窗口工作人员	佛冈县人民政府行政服务中心	2005年1月	县处
	2005年度优秀窗口工作人员	佛冈县人民政府行政服务中心	2006年1月	县处
	2006年度优秀窗口工作人员	佛冈县人民政府行政服务中心	2007年1月	县处
许沛林	"05·6"抗洪抢险救灾气象服务先进个人	广东省气象局	2005年7月	厅级
	2005·6月"抗洪救灾先进个人"	中共佛冈县委、县政府	2005年7月	县处
	2008年度先进个人	清远市气象局	2009年2月	县处
莫汉峰	2006年度县优秀共产党员	中共佛冈县委	2006年7月	县处
	2008年度市优秀共产党员	中共清远市委	2008年7月	市级
	2008年度先进个人	清远市气象局	2009年2月	县处
王建庄	2006年广东省地面气象观测业务比武优秀奖	广东省气象局	2006年9月	厅级
周国明	2006年广东省地面气象观测业务比武优秀奖	广东省气象局	2006年9月	厅级
	优秀团干	共青团佛冈县委	2008年4月	县处
罗桂森	2006年度优秀共青团员	共青团清远市委	2007年6月	市级
招柳媚	优秀团员	共青团佛冈县委	2008年4月	县处

第四节 人物录

易昌启,男,汉族,1932年4月生,佛冈迳头人。初中学历,1952年1月参加工作,1953年3月加入中国共产党。1970年2月由县公安局调入佛冈县气象服务站任站长,1981年1月任佛冈县气象局(站)局(站)长,1989年11月退休。

钱桂华,女,汉族,1936年11月生,江苏镇江人。中专学历,工程师职称。1955年8月参加工作,1957年7月从梅县调到佛冈县气象站。1985年6月加入中国共产党。1984年1月、1990年11月、1993年12月分别被国家气象局授予"质量优秀测报员"称号。1987年6月,被广州市委授予"优秀共产党员"称号。1988年5月,被广州市政府授予"劳动模范"称号。1989年4月,钱桂华被国家气象局授予全国气象系统"双文明"建设先进个人称号。1991年3月,被广东省气象局评为全省气象部门先进工作者。1991年10月退休。

杨衍杜,男,汉族,1945年4月生,广东英德人。大学本科学历,工程师职称。1966年9月到陕西参加工作,1984年7月加入中国共产党。1989年6月由陕西定边气象局调连南县气象局,1990年6月调佛冈县气象,任局(站)长。1992年获"广东省农业科学技术推广二等奖"。2001 年 2 月任正科级调研员,2005 年 4 月退休。

莫汉锋,男,汉族,1963 年 12 月生,广东英德人。大学学历,工程师职称。1985 年 9 月到英德气象局工作。1995 年 2 月加入中国共产党。1999 年调清远市气象局,任业务科副科长。2001 年 2 月调佛冈县气象局,任局(台)长。

第十二章　气象科研

佛冈县气象局重视气象科研工作,多项科研成果在全省气象系统推广应用。1983年,佛冈县气象局开展农业气候资源调查和农业气候区划工作,其成果分别于1992、1993年分别获"广东省农业技术推广二等奖"。2000年,开发用计算机直接发传真报文的方法。2005年,完成《地面测报软件二次开发》项目,主要是核电应急报和小图报编发系统,并在全省推广应用。2007年,完成地面测报Ⅱ型自动站监控管理系统的开发,并在清远市各气象台站推广使用。

第一节　科研成果

一、农业气候资源调查

农业气候资源调查和区划工作是农业综合区划的重要组成部分,是农业区划综合研究和农业部门指导生产的需要,也是气象部门为农业服务的一项基本业务建设。1983年,佛冈县气象局成立农业气候区划专业组,由郑从校任组长,开展全县农业气候资源调查和区划工作。深入社队进行调查,广泛收集气象哨、水文、农科、林业各种资料,以及各部门利用资源和防御灾害方面的措施和经验,并对资料进行整理统计和分析。经全体业务人员整理、郑从校分析编定,于1984年10月完成《佛冈县农业气候资源调查综合报告和农业气候区划》编制工作。主要包括地理概况与气候、农业气候资源、农业气象灾害、充分利用当地的农业气候资源、农业气候分区等5个部分。

二、地面测报软件二次开发

《地面测报软件二次开发》由广东省气象局于2005年立项,佛冈县气象局承担,具体工作由王建庄完成,项目编号200544。2006年1月初完成程序的总体开发。经过在广东省各个气象台站测试,该程序运行稳定,计算准确可靠,没有对测报软件OSSMO2004造成冲突,各项指标均已达到立项要求。该项目经广东省气象局验收后,在全省气象台站推广使用。

三、地面测报Ⅱ型自动站监控管理系统

地面测报Ⅱ型自动站监控管理系统由广东省气象局于2006年立项,佛冈县气象局承担,王建庄具体负责,项目编号2006B28。项目于2006年12月初完成总体开发,该系统运行稳定,计算准确可靠,没有对测报软件OSSMO2004及ZDZⅡ程序造成冲突,各项指标均已达到立项要求,2008年通过广东气象局验收,并在全省气象台站推广应用。

第二节　气象科普

　　普及和宣传气象科学知识是气象工作的重要任务之一。1999 年以来,佛冈县气象局每年结合"3·23"世界气象日的纪念活动,开展气象科普宣传活动,除通过报刊、电台、电视台、手机短信等渠道进行宣传外,还举办气象局开放日,向到访市民派发气象科普资料,宣传和介绍气象科普和气象防灾减灾知识,包括本地气候特点及一些常见的气候异常事件、预警信号、气象法规、"12121"天气查询电话等。2008 年 3 月 23 日,佛冈县气象局业务人员在人民公园广场举办气象日科普宣传活动,向群众派发宣传资料 1000 多份。

　　2007 年 9 月,佛冈县气象局与佛冈县教育局签订合作协议,将佛冈县气象局作为"佛冈县中小学生社会实践基地",佛冈县城中小学可根据自身教学需要安排参观、实践时间。社会实践基地的主要任务是,更好地在青少年学生中开展丰富多彩、形式多样的教育活动,让学生在教育活动中获得气象知识、增加社会经验,加强组织学生参观气象台,学习气象科普知识及天气预报制作常识,增强学生的气象知识和防灾减灾意识。

第六篇　组织机构

第十三章　组织沿革

佛冈县气象站前身是中南区源潭气象哨,站址在清远源潭,1954 年已经进行气象观测发报。1956 年迁至佛冈县,9 月 11 日起正式进行观测发报。

1954 年,源潭气象哨仅有观测员 2 名。1956 年,由吴金根负责筹建佛冈县气象观测站,9 月正式观测。吴金根担任站长,源潭气象哨 3 名观测员林章昭、叶泽府和吴鉴清也转至佛冈。佛冈县气象站是国家基本站,站址在佛冈县石角镇东郊(今环城东路 292 号)。9 月 11 日 2 时,开始观测发报,源潭气象哨同时停止观测。

1956 年建站时,行政和业务都由广东省气象局领导。

1958 年 10 月,佛冈县与从化县合并,佛冈县气象站改名为从化县佛冈气象站。业务归佛山专区水利水文气象科管理,行政归从化县人民委员会领导。

1960 年 6 月,业务改由广州市农林水利局气象科管理,行政仍由从化县人民委员会领导。

1961 年 5 月,佛冈与从化分县,从化县佛冈气象站又改称佛冈县气象站,业务仍由广东省气象局管理,行政由佛冈县人民委员会领导。

1962 年 8 月 1 日起,行政和业务均由广东省气象局领导。

1963 年 6 月—1966 年 5 月,业务由韶关市气象台管理,行政仍由广东省气象局领导。

1966 年 6 月,佛冈县气象站行政管理权下放给县政府,业务仍由韶关市气象台管理。

1980 年 10 月,根据中央气象局有关文件,广东省气象局科长叶成法、韶关市气象局副局长张利来办理体制收回手续。

1981 年 1 月 1 日起,佛冈县气象站升格为佛冈县气象局,为正科级事业单位。实行行政归广东省气象局领导,业务由韶关市气象局管理,政治学习、党团活动和家属子女就业由地方政府负责的双重领导体制。

1982 年 1 月,由于行政区划的改变,佛冈县气象局行政和业务归广州市气象管理处领导。

　　同年,预报组和测报组改称为预报服务股和测报股。

　　1989 年 5 月,由于行政区划改变,佛冈县气象局归清远市气象局领导,上级业务部门和当地县政府双重管理体制不变,见表 13-1-1。

表 13-1-1　佛冈县气象局组织沿革表

机构名称	时间	说明
广东省佛冈县气象站	1956 年 9 月	行政和业务均由广东省气象局管理。
从化县佛冈气象站	1959 年 2 月	业务归佛山专区水利水文气象科管理,行政归从化县人民委员会领导。
从化县佛冈气象服务站	1960 年 3 月	业务由广州农林水利局气象科管理,行政仍由从化县人民委员会领导。
佛冈县气象服务站	1961 年 6 月	业务由广东省气象局管理,行政由佛冈县人民委员会领导。
广东省佛冈县气象站	1962 年 10 月	行政和业务均由广东省气象局领导。
	1962 年 11 月	业务由韶关市气象台管理,行政仍由广东省气象局领导。
广东省佛冈县气象服务站	1965 年 7 月	业务由韶关市气象台管理,行政仍由广东省气象局领导。
	1966 年 6 月	行政由佛冈县人民委员会领导,业务由韶关市气象台管理。
广东省佛冈县气象站	1972 年 11 月	行政由佛冈县人民委员会领导,业务由韶关市气象台管理。
广东省佛冈县气象局(站)	1981 年 1 月	行政归广东省气象局领导,业务由韶关市气象局管理,政治学习、党团活动和家属子女就业由地方政府负责的双重领导体制。
	1983 年 1 月	行政和业务都归广州市气象管理处领导。
	1989 年 5 月	归清远市气象局领导,实行上级业务部门和县政府的双重管理体制。
广东省佛冈县气象局(台)	2002 年 3 月	归清远市气象局领导,实行上级业务部门和县政府的双重管理体制。

第十四章　机构设置

第一节　气象机构

1956年,成立佛冈县气象站,为正股级。1981年,佛冈县气象站升格为佛冈县气象局(站),正科级。1989年11月,成立佛冈县防雷设施安装检测所,是股级单位,隶属于佛冈县气象局。

1997年3月,根据《全国各地气象部门机构编制方案》要求,局内机构再作调整,内设办公室、预报服务股(并挂佛冈县山区气候研究所牌子)、测报股和下设佛冈县防雷设施安装检测所。

2002年3月,根据党中央、国务院批准,中央机构编制委员会印发的《地方国家气象系统机构改革方案》(中编发〔2001〕1号)和中国气象局印发的《地方国家气象系统机构改革实施方案》(气发〔2001〕75号),以及中国气象局批准的《广东省国家气象系统机构改革方案》(气发〔2001〕154号)、广东省气象局印发的《广东省国家气象系统机构改革实施方案》(粤气人字〔2001〕51号)、清远市气象局印发的《清远市国家气象系统机构改革实施方案》,以及清远市气象局和佛冈县机构编制委员会批准印发的《佛冈县国家气象系统机构改革方案》进行佛冈县国家气象系统机构改革。机构改革后,佛冈县气象局(站)改称为佛冈县气象局(台),机构规格仍为正科级,实行局、台合一。佛冈县防雷设施安装检测所改称佛冈县防雷设施检测所。根据《中华人民共和国气象法》及《广东省台风、暴雨、寒冷预警信号发布规定》(广东省人民政府2000年第62号令),佛冈县气象局(台)同时加挂佛冈县气象预警信号发布中心牌子。

2002年机构改革后,佛冈县气象局(台)的主要职责:一是负责本行政区域内气象事业发展规划、计划及气象业务建设的组织实施;负责本行政区域内重要气象设施建设项目的申报;对本行政区域内的气象活动进行指导、监督和行业管理。二是负责本行政区域内气象探测资料的收集、传输;依法保护气象探测环境。三是负责本行政区域内气象监测、预报工作,及时提出气象灾害防御措施,并对重大灾害做出初步评估,为本级人民政府组织防御气象灾害提供决策服务依据;负责本行政区域内公众气象预报、灾害性天气警报、预警信号以及农业气象预报、城市环境预报、火险气象等级预报等专业气象预报的发布,开展各项气象业务、服务工作。四是组织实施本行政区域内人工影响天气作业;组织管理雷电灾害防御工作,负责指导对可能遭受雷击的建筑物、构筑物和其他设施安装雷电灾害防御装置的检测工作。五是负责向本级人民政府和同级有关部门提出利用、保护气候资源和推广应用气象资源区划等成果的建议;组织对气候资源开发利用项目进行气候可行性论证。六是组织开展气象法制宣传教育,负责监督有关气象法规的实施,对违反《中华人民共和国气象法》有关规定的行为依法进行处罚,承担有关行政复议和行政诉讼。七是负责本行政区域内的气象部门的计划财务、科研和培训以及业务建设等工作;做好本行政区域气象部门的精神文明建设和思想政治工作。八是承担上级气象主管机构和本级人民政府交办的其他事项。

2006年9月,根据《广东省国家气象系统机构编制调整方案》、《广州区域气象中心业务技术体制改革实施方案》和《清远市国家气象系统机构编制调整方案》,结合佛冈县气象工作实际,在《佛冈县国家气象系统机构改革方案》的基础上,实施业务技术体制改革,将佛冈国家气象系统机构进行调整。在佛冈县国家基本气象站的基础上,组建佛冈国家气象观测站一级站,与佛冈县气象局(台)合一。

一、加强的职能

1.加强气象综合观测业务运行的监控和质量控制工作,提高综合观测数据质量、数据汇集、评价和观测产品制作水平。

2.加强多轨道预报预测业务工作,不断丰富预报产品,提高业务指导能力。

3.加强气象灾害防御应急服务。负责编制气象灾害防御规划;加强气象灾害调查、鉴定、宣传和发布工作;强化重大气象灾害的灾前预评估、灾中跟踪评估和灾后恢复评估工作;强化气象灾害应急管理,完善联动机制。

4.加强气象公共服务。改善服务手段、拓宽服务领域、增加服务产品、提高服务质量,扩大气象信息的公众覆盖面,建立畅通的气象信息服务渠道,提高公共气象服务的时效性。

5.加强地质气象、环境气象、城市气象、交通气象、水文气象、农业气象、林业气象等专业气象预报服务。

6.加强雷电监测、预报预警、防护技术服务的综合业务体系建设。

7.加强探测技术、装备、信息网络等方面的技术支持和保障工作,加快气象信息共享平台建设。

8.加强气象科技创新和气象职工教育培训工作。加快气象科技创新体系建设,开展与多轨道业务及现代化建设相适应的新知识、新技术培训。

二、调整后的机构

1.佛冈县气象局(台)的机构规格为正科级,加挂佛冈县预警信号发布中心牌子。

2.内设机构:办公室、预警预报股、测报股三个正股级机构

3.直属事业单位:正股级直属事业单位,佛冈县防雷设施检测所。

2008年12月3日,广东省气象局发出《关于广东省地面气象观测站业务运行有关工作的通知》,根据中国气象局《关于进一步规范地面气象观测站名称的通知》,2008年12月31日20时后佛冈国家气象观测站一级站更改为佛冈国家基本气象站。

佛冈县气象局名称及主要负责人更迭情况见表14-1-1。

表 14-1-1　佛冈县气象局名称及主要负责人更迭表

单位名称	负责人	性别	出生年月	籍贯	学历	时间
广东省佛冈气象站						1956年9月—1959年1月
从化县佛冈气象站						1959年2月—1960年2月
从化县佛冈气象服务站	吴金根	男	1935年2月	上海	—	1960年3月—1961年5月
佛冈县气象服务站						1961年6月—1962年9月
广东省佛冈县气象站						1962年10月
	戴巨熊	男		广东广州	—	1962年11月—1965年6月
						1965年7月—1965年10月
	香谭有	男				1965年10月—1969年1月
广东省佛冈县气象服务站	邝柏佑	男	1937年1月	广东台山	初中	1969年1月—1969年11月
	冯榕林	男		广东广州	中专	1969年11月—1970年2月
广东省佛冈县气象站	易昌啟	男	1932年12月	广东佛冈	初中	1970年2月—1971年12月
						1972年1月—1980年12月
						1981年1月—1989年10月
广东省佛冈县气象局(站)	郑从校	男	1949年10月	广东佛冈	中专	1989年10月—1990年6月
	杨衍杜	男	1944年3月	广东英德	大专	1990年6月—2001年2月
广东省佛冈县气象局(台)	莫汉锋	男	1963年12月	广东英德	大专	2001年2月—2002年3月
						2002年3月—

第二节　内设机构

佛冈县气象局现内设 3 个股级职能机构,分别为办公室、预报服务股、测报股。下设一个直属股级事业单位:佛冈县防雷设施检测所。

一、办公室

主要负责会议的组织、文秘、档案、气象宣传、接待和公务用车管理等工作;草拟报告、总结、计划、规章制度并负责监督、检查、催办;负责离退休人员管理工作;负责行政执法、固定资产管理、台站综合治理、综合统计工作;承担精神文明建设的日常工作;负责安全生产和工、青、妇及计生工作;协助清远市气象局做好纪检监察、审计、人事、劳资、职工培训等工作。办公室设主任 1 名。历届办公室主任名单见表 14-2-1。

表 14-2-1　历任办公室主任名录

姓名	性别	出生年月	籍贯	学历	职务	任职时间
廖华枢	男	1948年9月	广东佛冈	中专	主任	1997年5月—2001年2月
谭光洪	男	1974年3月	广东佛冈	本科	主任	2002年3月—

二、预报服务股(佛冈县气象预警信号发布中心、佛冈县山区气候研究所)

1956 年 9 月,佛冈县气象站成立时设立预报组;1982 年预报组改称为预报服务股;1997 年 3 月机构改革时,预报服务股并挂佛冈县山区气候研究所牌子;2002 年 3 月机构改革后,预报服务股并挂佛冈县气象预警信号发布中心、佛冈县山区气候研究所牌子。预报服务股主要负责气象通信网络建设;承担本区域内天气预报、警报、预警信号的制作和发布;负责向当地政府和有关部门提供决策预报服务,担负灾害性天气联防业务,负责气候资源的开发、利用和保护,气候可行性论证;负责气象灾害成因调查分析与评估工作;负责本区域内人工影响天气工作;负责农业气象预报、城市环境气象预报、火险气象等级预报等专业气象预报的发布。预报服务股现设股长1名,预报员1名。历任预报股股长、副股长名录见表14-2-2。

表 14-2-2　历任预报股股长、副股长名录

姓名	性别	出生年月	籍贯	学历	职务	任职时间
欧阳洛	男	1944 年 9 月	广东佛冈	中专	股长	1985 年 1 月—2000 年 12 月
许沛林	男	1978 年 6 月	广东揭阳	本科	副股长	2000 年 7 月—2002 年 2 月
					股长	2002 年 3 月—2006 年 10 月
罗桂森	男	1981 年 2 月	广东英德	本科	股长	2006 年 10 月—

三、测报股

1956 年 9 月佛冈县气象站成立时设立测报组,主要担负地面测报业务;1982 年测报组改称为测报股;1996 年和 2002 年机构改革后,名称仍然为测报股。主要任务是:负责地面气象观测业务,承担观测资料的统计、整理和保管。测报股现设股长1名,观测员5名。历任测报股股长、副股长名录见表14-2-3。

表 14-2-3　历任测报股股长、副股长名录

姓名	性别	出生年月	籍贯	学历	职务	任职时间
钱桂华	女	1936 年 11 月	江苏	中专	股长	1985 年 1 月—1991 年 12 月
林清莲	女	1938 年 11 月	广东清远	中专	副股长	1985 年 1 月—1992 年 9 月
					股长	1992 年 9 月—1993 年 9 月
廖华枢	男	1948 年 9 月	广东佛冈	中专	副股长	1993 年 2 月—1993 年 9 月
					股长	1993 年 10 月—1997 年 5 月
招锡尧	男	1953 年 2 月	广东佛冈	高中	股长	1997 年 5 月—2006 年 10 月
谭光洪	男	1974 年 3 月	广东佛冈	本科	副股长	1997 年 5 月—2002 年 3 月
周国明	男	1979 年 1 月	广东清远	大专	副股长	2002 年 3 月—2006 年 10 月
					股长	2006 年 10 月—

四、佛冈县防雷设施检测所

1989 年 11 月,经清远市气象局同意、佛冈县机构编制委员会批准,佛冈县气象局设立"佛冈县防雷设施安装检测所",从事防雷设施安装和检测业务。2002 年 3 月机构改革后,佛冈县防雷设施安装检测所改称为佛冈县防雷设施检测所,为佛冈县气象局直属正股级事业单位,从事防雷设施检查工作,不再开展防雷设施安装业务。佛冈县防雷设施检测所设所长1名,技术员2名,兼职检测员4名。

　　主要任务是：负责本行政区域内防雷设施的管理，承担本区域内防雷设施的定期检测、防雷施工图纸的审核、雷击风险评估和防雷工程竣工验收；承担本区域内雷电灾害事故的调查、分析鉴定和雷电灾害调查报告的上报工作；协助办公室做好防雷法规宣传和行政执法工作。

　　历任防雷所所长、副所长名录见14-2-4。

表 14-2-4　历任防雷所所长、副所长名录

姓名	性别	出生年月	籍贯	学历	职务	任职时间
朱伟宜	男	1948 年 12 月	广东佛冈	中专	副所长	1989 年 11 月—1993 年 2 月
					所长	1993 年 2 月—2001 年 6 月
温金泉	男	1974 年 5 月	广东清远	大专	所长	2002 年 3 月—2003 年 7 月
谭光洪	男	1974 年 3 月	广东佛冈	本科	所长	2003 年 8 月—

第十五章　党团组织

第一节　党组织

　　1972年以前,佛冈县气象局只有2名中共党员,一直未设党支部,党员参加佛冈县农委党支部的组织生活。1972年,经县直属机关党委批准,成立佛冈县气象局党支部,有党员3人。2008年底,佛冈县气象局党支部有正式党员12人,其中在职党员6人,退休党员5人,家属党员1人。

　　1972年,中共佛冈县气象局党支部成立,易昌启任支部书记,无其他支委,归属佛冈县农业委员会党委领导。1981年1月1日,支部委员任期届满进行改选,易昌启连任支部书记,郑从校为组长,林清莲为支部委员。1989年11月,由于易昌启退休,支部委员进行改选,选出郑从校为支部书记,邝柏佑为组织委员,廖华枢为纪检宣传委员。1992年10月,支部委员任期届满进行改选,选出杨衍杜为支部书记,郑从校为组织宣传委员,廖华枢为纪检委员。2001年3月,支部委员任期届满进行改选,选出莫汉锋为支部书记,杨衍杜为纪检宣传委员,郑从校为组织宣传委员。2004年11月,支部委员任期届满进行改选,选出莫汉锋为支部书记,许沛林为组织、纪检委员,谭光洪为宣传委员。2007年8月,支部委员任期届满进行改选,选出莫汉锋为支部书记,许沛林为组织委员,谭光洪为纪检委员,见表15-1-1。

表 15-1-1　佛冈县气象局党支部委员任职时间表

姓名	职务	籍贯	任职时间
易昌启	支部书记	广东佛冈	1972年—1989年10月
杨衍杜	支部书记	广东英德	1992年10月—2001年2月
	纪检宣传委员		2001年3月—2004年11月
莫汉锋	支部书记	广东英德	2001年4月—
郑从校	组长	广东佛冈	1981年1月—1986年12月
	组织委员		1987年1月—1988年12月
			1995年11月—2004年11月
	支部书记		1989年11月—1992年9月
	组织宣传委员		1992年10月—1995年10月
林清莲	支委	广东清远	1981年1月—1983年12月
	纪检委员		1987年12月—1988年12月
邝柏佑	组织委员	广东台山	1989年11月—1992年9月
廖华枢	纪检宣传委员	广东佛冈	1989年11月—1992年9月
			1995年11月—2001年2月
	纪检委员		1992年10月—1995年10月

姓名	职务	籍贯	任职时间
许沛林	组织纪检委员	广东揭东	2004 年 11 月—2007 年 8 月
	组织委员		2007 年 8 月—
谭光洪	宣传委员	广东佛冈	2004 年 11 月—2007 年 8 月
	纪检委员		2007 年 8 月—

第二节　共青团组织

2006 年 3 月前,佛冈县气象局一直未设团支部,团员参加县农委下设畜牧局团支部组织生活。2006 年 3 月,经团县委批准,成立佛冈县气象局团支部。成立支部时有团员 4 人,2008 年底有团员 2 人。佛冈县气象局团支部委员任职时间见表 15-2-1。

表 15-2-1　佛冈县气象局团支部委员任职时间表

姓名	职务	籍贯	任职时间
王建庄	支部书记	河北定州	2006 年 3 月—2008 年 8 月
周国明	组织委员	广东清远	2006 年 3 月—2008 年 8 月
罗桂森	宣传委员	广东英德	2006 年 3 月—2008 年 8 月
余秀娟	支部书记	广东花都	2008 年 9 月—
招柳媚	组织委员	广东佛冈	2008 年 9 月—
吴家旺	宣传委员	广东英德	2008 年 9 月—

附　录

民间气象谚语

民间气象谚语是劳动人民在长期生产实践中与自然斗争的经验总结,具有一定的科学性,但也有局限性。

(一)天气谚语

1. 春刮东风雨涟涟,夏刮南风旺水源。

2. 春刮北风死秧根,夏刮北风绝水源,秋刮北风寒夜雨,冬刮北风结霜冰。

3. 春雾晴、夏雾雨、秋雾风、冬雾雪。

4. 东闪日头红,西闪雨濛濛,南闪三夜,北闪就下。

5. 北风送九九,船儿停在大门口,南风吹九九,旱死荷花气死藕。

6. 正二月里南转北,不是雨来便是雪。

7. 三月北风是雨媒,四月北风送雨回。

8. 乌云接落日,不落今日落明日。

9. 云交云,雨淋淋。

10. 天上鱼鳞斑,晒谷不用翻。

11. 天上钩钩云,地下雨淋淋。

12. 乌猪过河,雨振滂沱。

13. 云遮中秋月,雨打元宵灯。

14. 朝霞不出门,晚霞行千里。

15. 日晕三更雨,月晕午时风。

16. 东虹日头,西虹雨。

17. 日暖夜寒,江河晒干。

18. 雨中天放光,有水无处装。

19. 雷公先唱歌,有雨也不多。

(二)物象谚语

1. 风欲起而石燕飞,天将雨而牛羊舞。

2. 青蛙夜唱歌,有雨都不多。

3. 鱼虾跳水白浪潮,大蛇拦道水飘飘。鸡展翼晒雨将至,牛羊寻归当天雨。

4. 翼蚁飞出来,要防大雨灾。

5."丫了"成群三天雨,黄蜂就檐七天寒。

6.蚯蚓出土蛇拦道,蚂蚁搬高大雨到。

7.泥鳅翻滚心不安,塘鱼浮头吐气忙,午后雷雨定来到。

8.群雁南飞天将冷,群雁北飞不再寒。

9.鹧鸪啼叫天转暖。

10.老鹰飞叫风,坐叫雨。

11.燕子低飞雨将至,燕子高飞定晴天。

12.百草吐芽春来早,百花盛开春已到。

13.蝼蛄扑灯、蟑螂夜飞、家狗喝水、麻雀洗澡、青蛙急叫、黄鳝喷气、蚂蝗不安,预示天将下雨。

14.梅花欢喜满天雪,桃李花开不再寒。

15.木棉花开春急暖,桐树花开霜雪断。

(三)节气及其他谚语

1.春节晴朗兆好年,雨雪纷纷是旱年,只望立春晴一日,农夫不用力耕田。

2.立春落水到清明,清明落水无日晴。

3.雨水雨绵绵,农夫好种田。

4.立夏过后雨水多,河沟处处水声和。

5.芒种是雨节,若无下雨是旱天。

6.夏至雷鸣三伏旱。

7.大暑凉,秋后热,大暑热,秋后凉。

8.白露有雨,寒露有风。

9.一场春雨一声暖,一场秋雨一场寒,十场秋雨一场霜。

10.小寒大寒,滴水成团。

11.干冬湿年,旱冬烂春。

12.初伏有雨伏伏有,初伏无雨伏伏忧。

13.冬至到九九,路上行人不出手。

(四)农业气象谚语

1.布谷鸟叫:"种田,哥哥",赶快种禾。

2.燕雀早来到,谷种赶快播。

3.半夜子规啼,秧田赶快犁。

4.蛤蟆下水好春耕,赶快下种莫怕冷。

5.春鸡叫喳喳,先播谷种后种瓜。

6.桃花未落接李花,李花未落接谷芽。

7.上造禾争日莳,下造禾争时耘。

8.莳田着到立夏,莳也罢不莳也罢。

9.莳田着到立秋,莳也丢不莳也丢。

10.小雪禾麦大雪菜。

11.八月十五暗,油菜禾麦满田坎。

12.瑞雪兆丰年。

13.好种隔年留,好肥隔年筹。

编后语

  为保存佛冈县的气象资料,反映佛冈气象事业的发展过程,为研究和探索佛冈气候变化的规律,佛冈县气象局领导班子决定编纂《佛冈县气象志》。编纂工作自 2009 年开展后,经过查阅档案、收集和整理资料、调查采访以及编写等工作,于 2012 年形成志书初稿。在初稿编纂过程中,得到清远市气象局姚科勇、何镜林和罗律的指导,英德市气象局张润仙对书稿进行校对和修正。初稿完成后,送佛冈县史志办谢国球、谢春江、李阳光、刘瑞生等同志审阅。本志编纂组根据审阅意见,进行反复多次的修改补充,最后由本志编纂领导小组审定,预计于 2014 年 6 月定稿。

  在本志编纂过程中,部分内容参考杨衍杜 1995 年修编的《佛冈县气象志》(1956—1994 年)。在本志付印出版之际,特向所有关心、支持本志编纂工作的领导和各界人士表示衷心的感谢。由于编者水平有限,书中仍存许多不足,请读者给予批评指正。

编者

2013 年 10 月